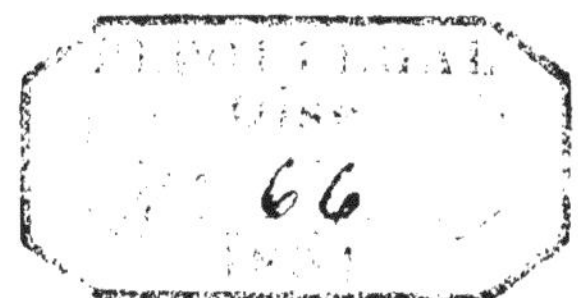

TRAITÉ

SUR

L'AMÉNAGEMENT DES EAUX EN GÉNÉRAL

ET

SUR LE DRAINAGE,

SUIVI DE

L'ESSAI SUR LES CHEMINS VICINAUX

(TROISIÈME ÉDITION).

TRAITÉ

SUR

L'AMÉNAGEMENT DES EAUX

EN GÉNÉRAL,

SUR LES IRRIGATIONS

ET

SUR LE DRAINAGE,

SUIVI DE

L'ESSAI SUR LES CHEMINS VICINAUX

(TROISIÈME ÉDITION),

COMPRENANT LES RÈGLES APPLICABLES :

1° Aux Alignements le long des voies publiques de toute nature ; 2° aux constructions communales ; 3° à la police et à la conservation des chemins ruraux, avec des modèles d'arrêtés et d'actes administratifs,

PAR

A. VITARD,

Agent-Voyer de l'Arrondissement de Beauvais.

PRIX : 3 FRANCS.

BEAUVAIS,

TYPOGRAPHIE DE CONSTANT MOISAND,

RUE DES FLAGEOTS, N° 15.

1851.

Au Conseil général de l'Oise;

HOMMAGE DE RECONNAISSANCE.

Juillet 1851.

ERRATA.

—

Page 15, ligne 5, au lieu de : *se penchent*, lisez : *penchent.*

— — au lieu de : *fonds* — : *fond.*

— 19, — 32, au lieu de : *celui-là* — : *celui-la.*

— 21, — 18, — en date du 8 mars 1845.

— 33, — 9, au lieu de : *que si les* — *en ce que, si les*

— 71, — 14, supprimer *qui.*

—

INTRODUCTION.

> Ouvrir des routes, voilà la science principale des administrateurs, le premier devoir des gouvernements. Les améliorations dans l'état moral et matériel, viennent après, comme d'inévitables conséquences.
>
> Baron D'HAUSSEZ.

> Une rivière est une route qui marche.

> Dessécher et arroser alternativement et à volonté, se rendre maître de l'élément le plus puissant de fertilisation et le soumettre à l'intelligence de l'homme, tel est le principe et le but de la science des irrigations.
>
> (*Rapport de* M. de TOCQUEVILLE *au conseil général de l'Oise*, *session de* 1847.)

Depuis le jour où a paru la première édition de l'Essai sur les chemins vicinaux, nous avons marché à grands pas, bien des obstacles ont été vaincus, de nombreuses difficultés ont été aplanies.

Les populations qui se montraient opposées à toute espèce d'innovation, quels qu'en dussent être les résultats, n'ont pas tardé à sainement apprécier les immenses avantages que leur procureront les améliorations apportées à la viabilité vicinale si longtemps négligée.

Aujourd'hui, leur impatience nous déborde et il ne s'agit plus d'exciter, mais seulement de contenir et de diriger. Heureusement, cette mission ne ressemble à rien moins qu'aux luttes ardentes, pénibles d'autrefois; cependant, elle a ses difficultés, et pour la bien remplir, il faut toujours du dévoûment, de l'énergie. Il reste des points obscurs dans notre code vicinal; il y a aussi des exigences auxquelles il faut savoir résister. Le moment n'est donc pas encore venu d'abandonner la brèche.

Il y a, d'ailleurs, une question qui se lie intimement à celle des voies de communication vicinales et dont l'importance a pu être parfaitement comprise, mais, dont l'on s'est peu occupé. Je veux parler d'un bon emploi des eaux, qui intéresse à un si haut degré l'agriculture, l'industrie et la salubrité publique.

Il m'a semblé qu'après l'amélioration des chemins desservant plus spécialement les intérêts des populations rurales, la première chose à faire, pour compléter les mesures indispensables au développement de notre industrie, au progrès de notre agriculture, devait consister à exécuter des travaux d'amélioration de nos cours d'eau non navigables ni flottables, d'assainissement et d'irrigation de nos vallées et à recourir au *drainage*, cette admirable invention de l'agriculture, que j'ai examinée avec le plus grand soin dans toutes ses parties.

Ces diverses considérations m'ont déterminé à publier une troisième édition de l'Essai, réduite, quant au service vicinal, à ce que j'ai cru indispensable, mais augmentée de nombreuses observations sur l'aménagement des cours d'eau, en général, sur l'application de la loi du 3 mai 1841, concernant les expropriations pour cause d'utilité publique, sur les formalités à remplir pour l'instruction des affaires relatives à toutes les constructions, sur les difficultés enfin, qui s'élèvent trop fréquemment, entre les communes et les entrepreneurs de travaux publics.

Les droits et les devoirs de chacun se trouvant nettement définis, en ce qui a trait à ces grandes questions qui rentrent dans les attributions spéciales de l'administration; j'aurai rempli la tâche que je me suis imposée.

PREMIÈRE PARTIE.

—

AMÉNAGEMENT DES EAUX.

CONSIDÉRATIONS GÉNÉRALES.

Tout ce qui se rattache à la prospérité du département, a été l'objet de la constante sollicitude du Conseil général, et si les eaux courantes, qui abondent dans nos nombreuses vallées, ne sont pas mieux utilisées; si les populations ne jouissent pas encore des avantages immenses que peut leur procurer un emploi judicieux des eaux, il faut en rapporter la cause à des raisons aussi indépendantes de la volonté de l'Administration, que de celle du Conseil général.

Le Gouvernement s'était préoccupé de la question en 1845, après le vote de la première loi Dangeville; les Conseils généraux furent invités, en 1846, à proposer des mesures semblables à celles qui reçoivent aujourd'hui leur application dans la Sarthe, et qui avaient été adoptées sur la proposition de l'honorable magistrat qui a administré, pendant deux années, notre département, à la satisfaction générale; mais, les évènements survenus en Février 1848, créèrent un ordre de choses qui dut détourner l'attention de l'Administration, des questions autres que celles qui avaient trait à notre nouvelle organisation sociale, et nul ne peut prévoir si, de longtemps, les difficultés que font naître les dissensions des partis, permettront de s'occuper des améliorations que réclame si impérieusement l'aménagement des eaux courantes. J'ai toujours pensé que, dans l'ordre matériel, il suffisait, pour obtenir des résultats, que les efforts de l'Administration tendissent constamment vers un seul but ; qu'une action énergique, continue, dans le même sens, devrait nécessairement vaincre les résistances que l'on rencontre fatalement auprès des administrés même les plus éclairés, qui, à un moment donné, croient pouvoir profiter de telle ou telle circonstance pour venir peser sur l'Administration, dans le but de l'empêcher de faire les améliorations les plus utiles.

Quand on a la conviction que des mesures qui paraissent déplaire à certaines personnes, doivent être avantageuses, en définitive, pour le plus grand nombre, il me paraît équitable de les prendre résolument, sans se préoccuper des obstacles que peut opposer soit l'égoïsme, soit l'intérêt de clocher.

La formation des syndicats, provoquée par le Conseil général, a rencontré, dans plusieurs cantons, des résistances qui ont paru insurmontables, et l'on s'est arrêté. Puis, des instructions contraires à celles de 1846 ont été données ; un service spécial a été organisé, et, quelques mois étaient à peine écoulés, que l'on revenait au point de départ, après avoir inutilement tourné dans un cercle vicieux. — Si, au contraire, on n'eût pas cherché à innover, à détruire au lieu de conserver, il y aurait aujourd'hui un grand nombre de cours d'eau réglés, et les avantages que l'on aurait déjà retirés de cette mesure, pouvant servir d'exemple, auraient été un encouragement à marcher hardiment dans une voie qui doit mener à d'importants résultats.

Ce qui est arrivé pour les chemins, serait très certainement arrivé pour les cours d'eau. Après avoir beaucoup crié contre l'organisation, contre ce que l'on a appelé dans le temps l'arbitraire substitué au droit, on reconnaît si bien qu'un grand pas a été fait, que, je le répète, l'impatience des populations nous déborde.

Il en serait ainsi d'abord, des mesures que l'on prendrait pour mieux utiliser les eaux ; mais, comme les conséquences seraient immédiatement appréciables, on approuverait bientôt ce que l'on aurait amèrement critiqué.

L'un des hommes qui ont étudié cette question avec le plus de soin, et qui font les plus louables efforts pour qu'elle reçoive tous les développements dont elle est susceptible, M. de Tocqueville, dans un rapport au Conseil général de l'Oise, session de 1846, avait proposé des mesures qui ne furent pas adoptées, parce que l'on ne voulait probablement pas créer de nouvelles charges pour le département. On ajourna la prise en considération des conclusions de son rapport; mais, en 1847, il fut décidé, sur la proposition du même rapporteur, que si l'on ne devait pas créer de service spécial, on n'en organiserait pas moins des syndicats, et qu'une part de surveillance serait attribuée aux ingénieurs, l'autre aux agents-voyers : c'était trancher le nœud de la difficulté; c'était concilier tous les intérêts.

Malheureusement, ainsi que je l'ai déjà dit, on ne put mettre ces projets à exécution, par la raison que le gouvernement créa, en 1848, un service central, nomma une commission permanente qui ne fonctionna que juste assez de temps pour faire perdre le fruit d'études longues et consciencieuses, complètement terminées, dans un grand nombre de départements.

En 1849, on ne s'occupa de cette question que pour constater l'accueil peu favorable que l'Assemblée nationale avait fait au projet d'établissement d'une commission permanente, de sorte que nous en sommes encore aujourd'hui au même point qu'en 1847.

Que fera-t-on ultérieurement? Nul ne pourra le savoir, je le répète; mais, ce qu'il est permis de faire, je le fais.

Puissent mes efforts avoir pour résultat des mesures bien désirables dans l'intérêt de notre agriculture!

On comprend difficilement que, dans notre pays, on soit moins avancé sous le rapport de l'emploi des eaux, cet agent si énergique qui doit devenir un des plus puissants éléments de notre prospérité agricole; on comprend avec peine, dis-je, que la France soit beaucoup moins avancée que l'Angleterre, l'Ecosse, le Wurtemberg, la Prusse et même la Russie.

Espérons que le gouvernement, qui doit avoir à cœur la prospérité et le bien-être de nos populations agricoles, s'occupera prochainement de cette question importante, et qu'il fera compléter la législation sur cette matière, seul moyen de concilier tous les intérêts et d'accorder satisfaction à des réclamations formulées depuis longtemps, dans toutes les contrées de la France où il existe des cours d'eau quelconques.

EXAMEN DE LA LÉGISLATION EXISTANTE, EN CE QUI CONCERNE LA POLICE ET LE RÉGIME DES EAUX ; MODIFICATIONS A Y APPORTER.

La loi du 14 floréal an XI, n'est pas le premier acte législatif qui ait trait au régime des eaux ; la loi du 8 janvier 1790, porte, section III, art. 2. « Les Administrations des départements, sont chargées de la » conservation des rivières. »

Celle des 12-20 août 1790, rendue en forme d'instruction, charge les administrations départementales de « rechercher et d'indiquer les » moyens d'assurer le libre écoulement des eaux, d'empêcher que les » prairies soient submergées par la trop grande élévation des écluses » des moulins, et par les autres ouvrages d'art établis sur les rivières ; » de diriger enfin, autant qu'il sera possible, toutes les eaux de leur » territoire vers un but d'utilité générale, d'après les principes de » l'irrigation. »

C'est une loi qui investit l'administration de pouvoirs généraux, étendus ; mais, ce n'est pas, à proprement parler, une loi spéciale comme celle du 14 floréal, qui dit tout ce que peut dire une loi de cette nature.

En effet, l'article 1er dispose *qu'il sera pourvu au curage des canaux et rivières non navigables, de la manière prescrite par les anciens réglements ou d'après les usages locaux.*

L'article 2 prévoit le cas où l'exécution du mode consacré par l'usage, où l'application des réglements éprouverait des difficultés ou devrait être modifié par suite de changements survenus. Il dispose, en outre, que dans l'une ou l'autre de ces conjectures, on obviera à toute espèce d'inconvénient, par un réglement d'administration publique, rendu sur la proposition du Préfet.

L'article 3 porte, enfin, que les rôles de répartition des sommes nécessaires au paiement des travaux d'entretien, réparations ou reconstructions, seront dressés sous la surveillance du Préfet, rendus exécutoires par lui, et que le recouvrement s'en opérera de la même manière que celui des contributions publiques.

Les lois des 29 avril 1845 et 11 juillet 1847, ont complété la législation sur la matière, en ce qu'elles permettent aux particuliers de se débarrasser des eaux nuisibles, de se servir, pour l'irrigation de leurs propriétés, des eaux naturelles ou artificielles dont ils ont le droit de disposer et d'établir des barrages, sous la réserve des droits de l'administration, en appuyant sur la propriété des riverains opposés, les ouvrages d'art nécessaires à la prise d'eau.

On a dit à propos de ces lois, qu'elles étaient inapplicables dans les contrées où la propriété est divisée en parcelles de peu d'étendue.

Tout en me rendant parfaitement compte des difficultés que peut soulever cette question, quand il s'agit de petits propriétaires peu aisés, je n'en suis pas moins convaincu que, sauf quelques rares exceptions, les lois des 29 avril 1845 et 11 juillet 1847, que j'appellerai lois Dangeville, du nom de leur honorable auteur, peuvent être appliquées sans occasionner de frais considérables.

Je sais combien il y a de moyens plus ou moins plausibles de retarder l'exécution d'une mesure utile; mais, je sais aussi que les tribunaux feraient toujours bonne et prompte justice des prétentions exagérées des propriétaires sur les terrains desquels devraient passer les eaux dont on voudrait se débarrasser ou que l'on voudrait faire servir à l'irrigation.

La cause principale qui retardera longtemps encore peut-être l'application de ces lois, toutes dans l'intérêt de l'agriculture, proviendra de l'apathie naturelle à la plupart des habitants de la campagne, de la crainte d'un procès et surtout de la malheureuse idée qu'ils ont qu'un propriétaire riche ne pourra jamais être contraint à faire même ce que prescrit la loi.

S'ils ne vont pas jusqu'à accuser l'autorité judiciaire de partialité, d'une coupable faiblesse, ils disent que les voies que le code de procédure ouvre aux plaideurs, sont si nombreuses, que la meilleure cause du monde gagnée en première instance, pourrait bien être perdue devant une autre juridiction, non-seulement parce que les juges sont des hommes, mais surtout parce que la partie à laquelle le tribunal de première instance aurait adjugé ses conclusions, ne pourrait payer en appel les frais d'un avoué ou d'un avocat.

On a dit qu'en France, la justice est gratuite et par cela même on a beaucoup vanté notre organisation judiciaire. Malheureusement, ce n'est rien moins que la vérité et cependant, ce serait, sans contredit, une belle et noble institution que celle qui mettrait un citoyen paisible qui se conforme aux lois, qui agit dans les limites de son droit, ce serait une belle et noble institution, dis-je, que celle qui mettrait un citoyen dans ces conditions, à l'abri des fâcheuses conséquences que peut entraîner pour lui, soit le caprice, soit la cupidité, soit l'ignorance, soit la méchanceté, soit la vanité, soit enfin la déloyauté du premier venu.

La loi du 30 janvier 1851, sur l'assistance judiciaire, prouve très-certainement que tous les bons esprits ont été frappés des graves inconvénients que présente le Code de procédure; mais, cette loi qui est appelée à produire d'excellents résultats, n'est pas encore complètement satisfaisante; un seul exemple l'établira :

Un propriétaire possède une pièce de terre, en nature d'herbage, d'une contenance de 30 ares, située de telle manière qu'il serait nécessaire pour que l'irrigation en fût possible, que les eaux dont il a droit de disposer, traversassent une prairie de cent mètres de largeur appartenant à un homme difficile, chicanier, processif. Des tentatives d'arrangement sont infructueuses. On invoque les dispositions des lois des 29 avril 1845 et 11 juillet 1848. La cause est appelée : La partie opposante fait défaut, elle est condamnée; elle revient par opposition. La première décision est confirmée; mais, appel est interjeté immédiatement et la question qui paraissait tranchée, n'a pas fait un pas. Des frais considérables cependant sont à payer, quoi qu'il arrive. Tout en gagnant sa cause, le propriétaire qui n'a demandé qu'à profiter du bénéfice d'une loi sage, examine si les avantages qu'il doit recueillir de la mesure qu'il croyait pouvoir provoquer, compenseront les embarras que lui occasionnera la suite de son procès, les avances qu'il devra faire, les frais qui forcément resteront à sa charge et si tout calcul fait, il ne reconnaît pas d'immenses avantages à résister, il abandonnera son droit, et en ce qui le concerne, la loi sera inefficace.

Dans le cas dont il s'agit, il y aurait une rigole de 0^m 30 de largeur à pratiquer, et qui occuperait par conséquent 30 centiares de terrain pour lesquels on pourrait allouer 25 francs. Les avantages que l'on pourrait retirer de cette mesure pour 30 ares, seraient chaque année, de deux quintaux métriques, soit 8 fr. 00. Il suffirait par conséquent de trois années pour rentrer dans ses déboursés ; mais, s'il y a pour cent francs de frais à débourser, se trouvera-t-il beaucoup de propriétaires dans la position où l'on peut en supposer un très-grand nombre, qui croiront faire une bonne opération, en dépensant 125 francs pour améliorer leur propriété de manière à en augmenter la valeur locative de 8 fr. 00. ? Je ne le pense pas.

J'admets une autre hypothèse.

De l'examen fait par un propriétaire qui désire profiter des bénéfices de la loi, il résulte que, malgré les frais qu'il devra payer, il y aura encore avantage à soutenir l'appel. Est-il bien des gens doués d'assez d'énergie pour combattre longtemps des difficultés de cette nature ? Un cultivateur dans les circonstances ordinaires peut-il faire, de son propre mouvement, sans se rebuter, une foule de démarches qui ont toujours pour effet de tenir son esprit dans l'inquiétude que causent les embarras d'un procès, aux personnes que la triste habitude d'en avoir, n'a pas familiarisées avec cette cause de ruine et de malheurs de toute nature. Je penche pour la négative, avec la conviction que je suis dans le vrai.

Il y a donc encore des difficultés à aplanir, bien que l'on ait déjà fait un grand pas ; mais, comme le progrès appelle le progrès, nous aurons un peu plus tôt ou un peu plus tard, des lois plus complètes et plus en harmonie avec les besoins de notre époque.

Aujourd'hui, on peut beaucoup déjà ; mais, on ne fait pas tout ce que l'on peut, parce qu'il n'y a pas obligation de faire. Il faudrait donc qu'une mesure législative vînt couronner l'œuvre, en fixant un délai le plus court possible pour l'établissement de syndicats et le réglement, par ordonnance, des nombreux cours d'eau qui sillonnent nos vallées.

DROITS DE L'ADMINISTRATION EN CE QUI CONCERNE LE CURAGE ET LE FAUCHAGE DES COURS D'EAU NON NAVIGABLES, NI FLOTTABLES.

S'il est important de rechercher les moyens d'appliquer les cours d'eau le plus utilement possible, aux besoins de l'agriculture, il faut avant tout les améliorer; c'est là la question principale, la base des opérations auxquelles on doit se livrer, tant en vue de la fécondité du sol que de la prospérité de l'industrie et de la salubrité publique.

Il y a une infinité de cas dans lesquels des mesures d'une grande simplicité suffisent; dans d'autres, il y a impossibilité d'obtenir des résultats satisfaisants, par la raison qu'il n'y a pas de réglement.

Dans les circonstances ordinaires, l'administration tient des lois que nous avons citées, le droit incontestable d'assurer le libre écoulement des eaux. Les dispositions du Code civil d'ailleurs confirment implicitement celles de ces lois spéciales.

En effet, l'article 640 porte que les fonds inférieurs sont assujettis envers ceux qui sont plus élevés, à recevoir les eaux qui en découlent naturellement, sans que les mains de l'homme y aient contribué. Si donc, un propriétaire se refusait à faire enlever des attérissements formés au droit de sa propriété, il apporterait tout naturellement obstacle à l'écoulement des eaux et ne satisferait pas aux conditions que lui impose la disposition législative que nous venons de citer.

Il pourrait toujours dire que, n'ayant rien fait qui puisse autoriser à le considérer comme l'auteur de la sur-élévation du lit du cours d'eau longeant sa propriété, il ne peut être contraint de s'en occuper.

Ce raisonnement serait spécieux, mais il ne serait fondé ni en droit, ni en équité, par la raison que, si on pouvait prétendre, à propos des fonds supérieurs, qui souffriraient de ces attérissements, que c'est aux propriétaires de ces terrains qu'incombe l'obligation de faire exécuter les travaux nécessaires pour assurer le libre écoulement des eaux, il arriverait que le récalcitrant de la veille deviendrait le réclamant du lendemain et qu'il irait faire, sur la propriété d'autrui, ce que l'on serait venu faire sur la sienne. Il n'y aurait donc avantage pour personne dans cette manière d'interpréter la loi; ce serait plutôt une source de difficultés et d'embarras pour tout le monde.

Chaque riverain, travaillant ou pouvant travailler sur sa propriété, n'a pas à craindre d'être recherché pour des dommages occasionnés à ses co-riverains. Il est donc rationnel d'agir comme on le fait, en obligeant les riverains à curer chacun en droit soi, quand il y a nécessité de procéder à des opérations de cette nature.

Si on pouvait attribuer les attérissements qui se forment dans un cours d'eau, la sur-élévation de son lit, à une cause spéciale, comme provenant du fait de l'homme, il va sans dire qu'il serait de toute justice d'appliquer les dispositions de l'article 1382 du Code civil qui obligent l'auteur d'un préjudice quelconque à le réparer. Tel est le cas dans lequel se trouvent les usiniers qui, dans l'intérêt de leur industrie, tantôt arrêtent les eaux, tantôt les laissent s'écouler avec une vitesse assez grande pour corroder les berges et causer des dégradations de toute nature. Mais, dans les circonstances ordinaires, rien ne justifierait le refus d'un riverain de curer en droit soi, le cours d'eau qui borderait sa propriété.

On a cherché à concilier tous les intérêts, en décidant que les usiniers seraient tenus de curer sur une certaine longueur en amont et en aval, les cours d'eau servant de force motrice à leurs usines. Cette mesure est suivie depuis longtemps dans un grand nombre de départements; dans d'autres, on ne l'a appliquée que depuis quelques années, en vertu d'instructions spéciales, qui portent que, pour la partie de rivière en amont des usines quelconques ou des moulins situés sur les cours d'eau non navigables ni flottables, la longueur de curage sera déterminée, à l'avenir, au fur et à mesure que les propriétaires demanderont un réglement du point d'eau, par le remou, c'est-à-dire qu'ils seront tenus de curer toute la partie de rivière qui se trouvera entre les usines et le point jusqu'où reflueront les eaux, dans leur maximum de hauteur de retenue.

Cette sage mesure ne donne prise à aucun reproche d'arbitraire et elle concilie tous les intérêts.

Pour les usines réglées depuis longtemps, ou qui ne le sont pas encore, quelques départements ont un réglement différent, pour chacun d'eux. Il y en a malheureusement où il n'en a jamais existé.

Dans l'Oise, la longueur totale mise à la charge des usiniers est de 600m : 400m en amont et 200m en aval. Dans quelques autres, elle n'est que de 100m en amont.

S'il est évident que les usines font refluer les eaux sur une certaine longueur, il est vrai aussi que tous les barrages ont le même résultat et cependant je n'ai vu nulle part, que l'on ait mis à la charge exclusive des propriétaires intéressés à un barrage établi pour faciliter l'irrigation de leurs prairies, les frais de curage d'une longueur quelconque des rivières sur lesquelles sont placés ces barrages.

Je sais que l'on doit toujours agir en vue de favoriser l'agriculture ; mais, est-il juste qu'un propriétaire, qui peut bien ne pas profiter des avantages de l'irrigation rendue possible au moyen d'un barrage, supporte une partie, si minime qu'elle soit, des dépenses que ce barrage nécessite à certaines époques? Je penche pour la négative. J'ai soumis cette question à l'administration; je n'espère pas la voir résolue de longtemps, par la raison qu'elle ne pourrait l'être qu'en modifiant le réglement du 9 thermidor an XII ; mais, j'ai lieu d'espérer qu'elle sera examinée sérieusement et que l'analogie que j'ai signalée, sera consacrée par une décision souveraine.

Si l'administration tient bien aujourd'hui des lois existantes, le droit d'assurer le libre écoulement des eaux, de les diriger dans un but d'utilité publique, elle prend rarement l'initiative, par la raison fort simple que ce droit, bien que nettement défini, est une espèce de lettre morte, s'il n'y a pas de commissions syndicales réglant les questions de détails, et puisant néanmoins toujours leur force dans le concours de l'administration et dans la législation actuelle.

Les municipalités pourraient faire cesser, sinon complètement, en grande partie, du moins, les nombreux abus qui existent; mais, il faudrait beaucoup de temps, une grande indépendance, de l'énergie, des connaissances spéciales, et il est fort difficile de réunir toutes ces conditions essentielles, cependant, si l'on veut que les intérêts de chacun soient sauvegardés en tant que faire se peut, sans que l'intérêt général soit sacrifié.

Dans l'état actuel de la législation, on s'est demandé si, en l'absence de règlements d'administration publique, on peut faire abattre les arbres qui nuisent à l'écoulement des eaux, soit parce qu'ils se penchent, soit parce qu'ils sont dans le lit même des cours d'eau.

Il ne peut exister à cet égard aucun doute, par la raison fort simple que, du moment où l'administration est armée du droit que lui confèrent les lois spéciales, elle doit prendre les mesures nécessaires, pour faire disparaître tout obstacle au libre écoulement des eaux. Or, comme les arbres qui penchent sur le lit d'une rivière dans la hauteur à laquelle peuvent s'élever les eaux, ou qui poussent dans le lit même de cette rivière, constituent bien un obstacle à leur écoulement, il y a nécessité de les faire enlever.

Pour exécuter le curage d'un cours d'eau, pour reconnaître seulement l'état dans lequel il se trouve, il faut en parcourir les bords; il paraît donc naturel que les riverains laissent un espace nécessaire pour le passage d'un homme, entre leurs constructions ou leurs plantations et le lit même de ce cours d'eau. Il paraît tout aussi rationnel que l'entrée des propriétés qui bordent ces cours d'eau, soit libre, puisqu'ils n'appartiennent à personne, puisqu'ils font partie du domaine public. Cependant, il s'est élevé à ce sujet des réclamations énergiques, et si le droit de pénétrer dans certaines propriétés particulières pour y remplir une mission officielle, n'a pas été dénié d'une manière absolue, parce que l'on a conservé des formes de part et d'autre, parce que la question n'a pas été débattue, quant au fonds, il n'en est pas moins resté un doute très-sérieux dans l'esprit de quelques riverains qui, par cela même, se prêteront difficilement à la formation d'un syndicat tenant ses pouvoirs d'un règlement d'administration publique, où le droit de passage serait consacré.

Cependant, qui veut la fin, veut les moyens, et il est impossible que l'on reconnaisse à un riverain le droit de s'opposer, soit directement, soit indirectement, à l'exécution de mesures toujours prises exclusivement et uniquement dans l'intérêt de tous.

Je n'ai vu nulle part que cette question ait été tranchée par une décision souveraine ; ce qui prouve que s'il est resté des doutes dans quelques esprits, sur l'étendue des droits conférés à l'administration, à cet égard, on a compris que, n'agissant jamais que dans l'intérêt de tous, tous sont intéressés à lui laisser une grande liberté d'action.

Une décision du conseil d'Etat du 2 février 1850 dispose seulement, que *le Ministre a le droit de réformer un arrêté du Préfet, portant interdiction de construire à la limite d'une propriété, sans laisser un espace suffisant pour en faciliter le curage.* Il résulte en même temps de cette décision, que l'arrêté ministériel, de même que les arrêtés municipaux et préfectoraux qui interviennent en cette matière, sont des actes de surveillance et de police, destinés à assurer le libre cours des eaux, et qu'à ce titre *ces mesures ne sont pas de nature à être attaquées par la voie contentieuse.*

D'où l'on peut conclure que, si dans l'affaire dont il s'agit et qui concernait, je crois, la ville de Mulhouse, le Ministre avait approuvé l'arrêté du Préfet, le propriétaire se serait trouvé dans l'obligation de s'y conformer.

Cette décision me paraît toute rationnelle; elle prouve une fois de plus combien le conseil d'Etat apporte de maturité dans l'examen des questions qui lui sont soumises.

Le Maire, pour tout ce qui est de l'administration, se trouve placé sous les ordres du Préfet; ce magistrat lui-même est, à l'égard du Ministre, ce que le Maire est par rapport à lui. Si, par conséquent, les arrêtés du Maire, dans presque tous les cas, n'ont de force qu'autant que le Préfet les a revêtus de son approbation, les décisions du Préfet peuvent être infirmées par le Ministre, quand il s'agit, comme dans l'espèce, d'actes de surveillance et de police, destinés à assurer le libre cours des eaux.

Cette doctrine est la seule que l'on puisse admettre, si l'ont veut que les lois soient applicables.

Dans le département de l'Oise, il y a un arrêté du 9 thermidor an XI approuvé le 5 fructidor suivant, qui met l'administration fort à l'aise, pour toutes les mesures de police qu'elle juge à propos d'ordonner ; malheureusement, les dispositions de cet arrêté n'ont pas été exécutées dans le passé, et aujourd'hui encore MM. les Maires hésitent à recourir aux seules voies qui puissent conduire aux résultats que l'on devait attendre des sages dispositions de l'arrêté précité.

L'article 1er les charge de faire reconnaître, tous les ans, l'état des cours d'eau qui traversent leur commune respective, de faire dresser l'état des travaux à exécuter et de le soumettre au Préfet, et, malgré cela, on ne s'occupe des cours d'eau que sur les plaintes adressées au Préfet, par les administrés. Quelquefois même, on rencontre une opposition inexplicable de la part des autorités locales, auxquelles cependant on doit imputer l'inexécution des mesures prescrites, seule cause des frais assez élevés mis à la charge des riverains qui n'auraient généralement que fort peu de travaux à faire, si l'on se conformait aux dispositions de cet arrêté.

On a poussé l'incurie si loin que, dans une seule commune, on a retiré du fond de l'eau, 39 arbres entiers qui ont occasionné une dépense de 346 fr. 80 cent. à dix-huit riverains.

Si, comme on eût dû le faire, aux termes de l'art. 21 de l'arrêté du 9 thermidor, l'autorité municipale avait veillé soigneusement à ce que les riverains enlevassent les arbres, au fur et à mesure qu'ils tombaient, le lit des cours d'eau ne se fût pas élevé comme cela a eu lieu, et ces arbres qui ont occasionné une dépense de 6 à 20 fr. l'un, auraient coûté tout au plus de 2 à 3 francs.

Les gardes-champêtres devraient visiter les cours d'eau au-moins tous les mois — ce qui ne leur demanderait pas beaucoup de temps — et constater les infractions aux lois, quand les riverains s'en rendent coupables.

Des pertes considérables ont été occasionnées, par suite de la coupable incurie que l'on a montrée à cet égard et si, à l'avenir, on ne se préoccupe pas plus des inconvénients qu'entraîne l'inexécution des réglements sur la matière, on aura les mêmes résultats à déplorer. Je crois donc rendre service à tous les intéressés, en leur signalant la cause du mal dont on se plaint avec tant de raison, et en indiquant le remède si simple à employer, pour n'encourir désormais aucun des reproches que l'on peut si justement adresser aujourd'hui à quelques administrateurs.

Dans le département de l'Oise où tout est réglé, il n'existe aucune difficulté, pour accorder satisfaction à tous les intérêts, pour prévenir les fâcheuses conséquences du mauvais état des cours d'eau. Il suffit de se conformer aux dispositions du réglement du 9 thermidor an XI, modifiées par celles du 24 novembre 1843, en ce sens que les Agents-Voyers sont spécialement chargés de dresser, de concert avec les Maires, tous les devis de curage, de surveiller, d'assurer l'exécution des travaux et d'en faire la réception.

Quand un cours d'eau est encombré, le Maire de la commune sur laquelle il est situé, doit d'abord se faire rendre compte de l'état de ce même cours d'eau, en amont et en aval du territoire de sa commune. S'il peut craindre que l'opération ne soit efficace qu'autant qu'il sera pris une mesure d'ensemble, il se concerte avec ses collègues pour qu'elle soit exécutée dans chaque commune, à des époques déterminées d'avance, et calculées de manière que les travaux puissent toujours être terminés en amont avant d'être commencés en aval, c'est-à-dire que, si trois communes sont traversées par un même cours d'eau qui doive être curé sur toute sa longueur, il faut que la première ait terminé cette opération avant qu'on l'effectue dans la seconde, et que la seconde l'ait achevée avant que l'on s'en occupe dans la troisième. La raison en est facile à saisir, pour ceux qui ont quelque idée des résultats d'un curage : on comprend aisément, en effet, que quelque soin que l'on prenne, les eaux entraîneront une partie non-seulement des herbes que l'on aura arrachées ou coupées, mais aussi des terres que l'on aura remuées forcément pour les enlever d'abord et les jeter ensuite sur les berges.

Si donc on curait en aval, avant de curer en amont, l'opération ne serait pas à recommencer complètement, mais il y aurait à refaire sur beaucoup de points.

Dans le cas où l'un des Maires des communes intéressées dans la question, refuserait son concours, il faudrait en référer à l'autorité supérieure, qui se trouverait ainsi à même de prescrire des mesures de nature à ce que le curage pût s'effectuer sur tout le cours d'eau.

Dans les arrêtés qui, dans ce cas, doivent toujours être pris, soit par les Maires, sous la réserve de l'approbation du Préfet, soit par le Préfet lui-même, il faut viser les lois des 12-20 août 1790 et 14 floréal an XI. Il faut ensuite qu'il soit fait un plan indiquant les propriétés, et divisé en sections par séries de prix portés dans un devis dressé par les agents chargés du service des cours d'eau.

Ce plan et ce devis doivent rester déposés à la mairie de la commune, pendant huit jours au moins, et ce dépôt doit être porté à la connaissance des intéressés, afin que chacun d'eux sache, d'une manière certaine, quelles sont les obligations qui lui sont imposées, et puisse profiter du bénéfice de la loi du 14 floréal an XI qui, comme on l'a vu, accorde aux riverains le droit d'exécuter les travaux mis à leur charge.

A l'expiration du délai déterminé pour l'exécution des travaux, une nouvelle visite des lieux doit être faite, et les parties du cours d'eau non curées, doivent être mises en adjudication.

Non-seulement alors, les riverains qui n'ont pas effectué le curage, doivent payer toutes les dépenses occasionnées par l'exécution des travaux restant à faire, mais ils doivent encore payer les ragréages qui deviennent nécessaires pour les parties curées par leurs co-intéressés, dans les délais fixés; agir autrement, ce serait perdre de vue les plus simples règles de la plus stricte équité.

On proteste souvent contre le paiement des frais mis à la charge de ceux-mêmes qui se conforment ponctuellement aux instructions données pour l'exécution des lois relatives au curage. C'est un tort que je ne m'explique pas.

Avant de procéder à un curage quelconque, il faut visiter les lieux; il faut dresser un plan; il faut indiquer les travaux à exécuter; mais, pour faire toutes ces choses, il faut du temps et ce temps doit être payé. C'est toujours une opération longue, pénible, que de préparer un projet de curage et rarement la rémunération réclamée, est en rapport avec les peines et les embarras qu'elle occasionne.

Je comprendrais parfaitement la réclamation d'un propriétaire qui aurait pris des mesures telles que, au moment de la visite des lieux, la partie de rivière bordant sa propriété se trouverait en bon état. Pour celui-là, il ne peut avoir de frais d'aucune nature à supporter; mais, c'est seulement dans cette circonstance, qu'un propriétaire peut échapper aux obligations qui résultent de sa position et des lois qui régissent la matière.

Les déclarations que sont admis à faire les riverains, doivent être consignées par écrit, afin de rendre toute espèce d'erreur impossible. Les déclarations verbales ne peuvent avoir aucune valeur.

Quand les travaux sont terminés, on dresse par commune, un rôle de frais que le Maire est appelé à vérifier et à approuver, et qui est ensuite soumis à l'examen du Préfet, pour être revêtu de son exécutoire.

Ce rôle doit comprendre et indiquer ce qui revient à l'adjudicataire, au receveur municipal et aux agents qui ont préparé le devis, dressé le plan, surveillé l'exécution des travaux, et qui en ont fait la réception.

Toute contestation relative à la répartition des frais, en ce qui concerne l'adjudicataire et les riverains, est du domaine exclusif du conseil de préfecture, conformément aux dispositions de la loi du 14 floréal an XI.

Pour ce qui concerne les percepteurs-receveurs municipaux et les agents préposés à la surveillance des travaux, c'est une question d'administration intérieure que le Préfet peut seul régler comme il le juge convenable.

On s'est demandé s'il est toujours équitable de répartir entre les riverains, en proportion de la longueur de leur propriété, la dépense occasionnée par suite du curage d'un cours d'eau. Les uns affirment, les autres nient.

Cette divergence d'opinion s'explique, en l'absence de réglements d'administration publique et de commissions syndicales, par la raison que s'il paraît juste de faire contribuer à la dépense, en proportion de l'intérêt que l'on a, à la mesure, il est toujours impossible, à moins de faire un travail d'ensemble, de concert avec tous les intéressés, de déterminer exactement la proportion suivant laquelle chacun d'eux doit payer.

Comme on serait très-certain d'avance, de rencontrer des obstacles à chaque pas, on a pensé que si, prendre pour base de la répartition la longueur de rive de chaque propriétaire, n'est pas une mesure rigoureusement équitable, elle a du moins, un côté spécieux qui la protége contre les réclamations des riverains.

Elle est loin d'être équitable, je le répète, et c'est encore une des mille et une raisons qui font vivement désirer que des réglements d'administration publique interviennent, et que des commissions syndicales soient établies aussitôt que faire se pourra.

Tant que subsiste un arrêté relatif aux mesures prises pour assurer l'exécution des lois sur la matière, les tribunaux ne peuvent en connaître; ainsi l'a décidé le conseil d'Etat par un arrêté en date du 16 novembre 1844, concernant le curage d'un ruisseau dans la commune de Cessieux (Isère). Les arrêtés qui n'ont pour objet que le curage proprement dit, comprenant toutefois l'ébergement et l'abattage d'arbres nuisant à l'écoulement des eaux, n'étant que des mesures de police autorisées par les lois en vigueur, devant toujours par leur nature être sanctionnées par l'autorité supérieure, les tribunaux ordinaires n'auront jamais à s'en occuper; mais, s'il s'agissait d'élargissement, de redressement ou de changement de direction, il faudrait recourir aux formalités prescrites par les lois des 16 septembre 1807 et 3 mai 1841, c'est-à-dire qu'il y aurait lieu, dès-lors, de provoquer une expropriation et de payer préalablement à l'occupation, les terrains à occuper et les dommages que l'on pourrait occasionner. (Lettre du Ministre de l'intérieur à M. le Préfet de l'Oise, en date du).

Les lois qui régissent la matière sont donc justes et équitables et les droits des riverains sont à l'abri de toute espèce d'acte arbitraire.

Dans les circonstances ordinaires, quand on n'apporte aucune modification à la position des riverains, elles confèrent des droits dont l'exercice ne peut être entravé ni par le caprice, ni par la mauvaise volonté des propriétaires; mais, si des changements essentiels sont jugés nécessaires, on ne peut les effectuer qu'en suivant des formes qui permettent un examen sérieux des propositions émanant, soit de l'autorité elle-même, soit des simples particuliers.

C'est encore une des considérations qui font le plus vivement désirer que tous les cours d'eau soient réglés, afin que les droits de chacun se trouvant clairement et nettement définis, il ne puisse s'élever aucune de ces contestations qui donnent trop souvent lieu à des débats irritants, qui occasionnent des démarches fatiguantes, des pertes de temps regrettables et des frais quelquefois très-considérables.

Des mesures prises en temps convenable, obvieraient aux graves inconvénients qui résultent de l'état de choses actuel.

Ces inconvénients ne sont généralement dus qu'à la négligence de ceux qui se plaignent le plus vivement, et on semblerait dès-lors pouvoir faire la sourde oreille à leurs récriminations ; mais, ce ne serait pas administrer, et alors à quoi serviraient les fonctionnaires chargés de veiller aux intérêts généraux.

Dans certaines vallées, sillonnées en tous sens de cours d'eau dont la pente est peu sensible, et par conséquent où le lit de chacun d'eux tend à s'élever de jour en jour par suite de dépôts successifs, la végétation devient très-active ; des herbes, des roseaux y poussent en telle abondance que si on n'a le plus grand soin de les faire faucher au moins deux fois par an, l'écoulement des eaux s'opère difficilement et quand survient le moindre orage en été, il y a fatalement des inondations sur des étendues considérables ; les terres imprégnées d'une trop grande quantité d'eau, ne produisent que des herbes d'une mauvaise qualité, telles que les laiches, les joncs, les choins, les scirpes, les molinia et les renoncules.

Ces résultats sont déjà très-fâcheux au point de vue de l'intérêt bien entendu des riverains. Ils le sont autant sous le rapport de la salubrité publique.

Il y a encore une autre considération à faire valoir en faveur d'une sage réglementation des eaux ; c'est la dépense occasionnée par les travaux considérables que l'on exécute accidentellement sur tel ou tel point, quand le mal est à son comble.

L'entretien d'un cours d'eau, au moyen de travaux annuels de peu d'importance, ayant quelque analogie avec ce qui se pratique aujourd'hui, à l'égard des voies de communication, permettrait généralement de ne recourir à des curages généraux que de loin en loin, c'est-à-dire, tous les 15 ou 20 ans ; si l'on reste au contraire dans le *statu quo*, il arrivera de deux choses l'une : ou les cours d'eau seront en mauvais état, et non-seulement les ressources immenses qu'ils offrent à l'agriculture seront perdues, mais encore les inondations qui surviendront fatalement de temps à autre, occasionneront des pertes considérables ; ou il s'effectuera des curages tous les trois ans, au moins, et si partout la propriété produit assez pour faire face aux frais de ces opérations renouvelées si fréquemment, ce qui peut bien ne pas avoir lieu, elle sera grevée du moins de bien lourdes charges.

Voilà le dilemme dans lequel sont fatalement enfermés les propriétaires riverains des cours d'eau, et quand on songe que c'est aux intéressés surtout qu'il faut attribuer cette situation déplorable, on conçoit difficilement leur insouciance.

S'ils étaient les seuls à perdre, ce serait déjà une chose très-fâcheuse, mais l'État, le pays souffre en même temps sous un double rapport; car si le recouvrement des contributions présente d'autant moins de difficultés que le numéraire est plus répandu, et que la propriété a plus de valeur, il y a aussi des mutations plus fréquentes qui rapportent des droits plus considérables.

OBLIGATIONS, ACTIONS ET DROITS DIVERS DES PARTICULIERS ENTRE EUX, DE L'ADMINISTRATION ENVERS EUX *et vice versâ.*

—

Sans vouloir entrer dans l'examen approfondi d'une question aussi complexe que celle qui consisterait à rechercher quels sont tous les droits, quelles sont toutes les obligations qui résultent de la législation qui régit aujourd'hui les eaux en général, pour les particuliers et pour l'administration, je crois devoir faire connaître quelques décisions des cours souveraines, servant de règle, pour résoudre les nombreuses difficultés auxquelles donnent lieu la police et l'aménagement des eaux.

Je me bornerai, toutefois, à l'analyse et à la date de ces décisions, et à quelques citations des auteurs qui ont traité la question avec le plus de développements.

Si la loi des 12-20 août 1790 et 14 floréal an XI, ont armé l'administration d'un grand pouvoir, en ce qui touche le régime et la police des eaux, de nombreux arrêts du conseil d'Etat, et notamment ceux des 13 et 20 février 1840, ont consacré cette doctrine d'une manière formelle en disposant que *l'administration a toujours le droit et le devoir, nonobstant la possession même quarantainaire et les jugements passés en force de chose jugée, de régler la hauteur des eaux, de manière à ce qu'il n'en résulte préjudice pour personne, et d'ordonner les travaux propres à faire cesser tout dommage public.*

En présence de semblables décisions, d'un sens aussi général, il ne peut exister le moindre doute sur ce qu'il y aurait à faire dans toutes les circonstances où il s'agirait de prévenir un préjudice d'une nature quelconque pouvant résulter du fait des riverains.

Il est admis en principe que si l'administration doit seule régler la hauteur des eaux, si, en un mot, elle a le droit exclusif de faire des réglements, les contestations auxquelles donnent lieu ces réglements, sont de la compétence des tribunaux ordinaires, quand il s'agit de questions de propriété, et du conseil de préfecture dans les autres cas. Cependant, *un tribunal saisi d'une demande en destruction d'un barrage établi, sur une rivière, sans autorisation, est compétent, non-seulement pour allouer des dommages-intérêts, mais encore, pour ordonner la suppression du barrage.*

Il y a plus, le pourvoi qu'on aurait élevé, dans le cours de l'instance devant l'autorité administrative, afin d'obtenir l'autorisation d'établir le barrage, n'a pas d'effet suspensif et ne peut empêcher le tribunal d'ordonner la démolition immédiate de ce barrage.

(Cour de cassation. Arrêt du 7 janvier 1846. — Jurisprudence de la Cour et du conseil d'État 1845-1846, page 69.)

Une usine privée d'une partie quelconque de sa force motrice, par suite de l'exécution de travaux publics, a bien droit à une indemnité, si elle a une existence légale; mais, c'est toujours à l'autorité administrative qu'il appartient de statuer sur le chiffre de cette indemnité. — (Tribunal des conflits. Décision du 17 juillet 1850. — Gazette des tribunaux du 10 septembre 1850.)

Si l'usine n'a pas de titre légal, il n'est pas dû d'indemnité. (Article 48 de la loi du 16 septembre 1807. — Arrêt du conseil d'État du 16 janvier 1849. — Jurisprudence de la cour et du conseil d'État 1846-1847, page 67.)

La construction d'une usine sur un cours d'eau, par le propriétaire inférieur, constitue une contradiction du droit du propriétaire supérieur, suffisante pour autoriser le propriétaire inférieur, dont l'usine existe depuis plus d'un an, à agir au possessoire devant le juge de paix, contre le propriétaire supérieur qui a détourné un certain volume d'eau, pour l'irrigation de sa propriété. — (Cour de cassation. Arrêt du 24 avril 1850. — Voir l'art. 23 du Code de procédure civile et l'article 6, n° 1er de la loi du 25 mai 1838 (1).

Il faudrait, dans ce cas, que le volume d'eau détourné réduisît la force motrice d'une manière sensible; car on ne saurait contester, à moins de circonstances particulières, le droit d'irrigation, au moyen de saignées, au propriétaire dont le terrain se trouve à la hauteur de la surface fluide.

S'il s'agissait d'un barrage quelconque, il est hors de doute, qu'il y aurait lieu d'en exiger la destruction. Il en serait de même s'il y avait une coupure profonde dans la berge.

Le Ministre de l'intérieur a qualité pour réformer un arrêté municipal, confirmé par le Préfet, portant alignement des constructions qui longent un petit cours d'eau, et pour permettre à des propriétaires de bâtir à la limite de leur propriété, sans laisser entre eux et ledit cours d'eau, un espace de 0m 90 cent., à l'effet d'en faciliter le curage.

L'arrêté ministériel, de même que les arrêtés municipaux et préfectoraux qui interviennent en cette matière, sont des actes de surveillance et de police, destinés à assurer le libre cours des eaux, et à ce titre, ces décisions ne sont pas de nature à être attaquées par la voie contentieuse. — (Conseil d'État; Arrêt du 2 février 1850. — Gazette des tribunaux du 18 avril 1850.)

C'est aux Préfets et non aux conseils de préfecture, qu'il appartient

(1) Article 23 du Code de procédure civile :
Les actions possessoires ne sont recevables qu'autant qu'elles auront été formées dans l'année du trouble par ceux qui, depuis une année au moins, étaient en possession par eux ou les leurs, à titre non précaire.
(Art. 6, n° 1er de la loi du 25 mai 1838.)
Les juges de paix connaissent des entreprises commises, dans l'année, sur les cours d'eau servant à l'irrigation des propriétés et au mouvement des usines et moulins, sans préjudice des attributions de l'autorité administrative dans les cas déterminés par les lois et par les réglements; des dénonciations de nouvel œuvre, complaintes, actions en réintégrande et autres actions *possessoires* fondées sur des faits également commis dans l'année.

d'ordonner la destruction des travaux faits par des particuliers, sur les cours d'eau non navigables, lorsque ces travaux mettent obstacle au libre écoulement des eaux. (Ordonnance du 1er juillet 1840), (veuve Hacot). Arrêt analogue, 19 mars 1840 ; Jouannet et consorts, 28 mai 1843.)

L'administration peut imposer à un usinier, les mesures nécessaires pour faire cesser le dommage que la hauteur de ses eaux cause aux berges des propriétés riveraines ; ce droit n'est pas entravé par la circonstance que l'usine existe dans son état actuel, de temps immémorial.

La décision ministérielle qui a ordonné ces mesures n'est pas attaquable par la voie contentieuse : (Ordonnance du 20 février 1840, Bourdet, contre le ministre des travaux publics) ; voir le chapitre 6 de la loi des 12-20 août 1790, l'article 16 du titre 2 de la loi des 28 septembre, 6 octobre 1791.)

Un barrage ne peut être établi même sur une rivière non navigable, par les riverains, sans une autorisation préalable de l'administration. Lorsqu'un barrage est ainsi construit, sans autorisation préalable, le Préfet a le droit d'en prescrire la suppression : (Arrêt du 20 mai 1843, Bonneau, inséré dans le Recueil des arrêts du conseil d'État, du mois de juin 1843, page 225.)

Celui dont la propriété borde une eau courante, autre que celle des rivières navigables ou flottables, peut s'en servir pour l'irrigation de de ses propriétés ; mais il ne peut en user sans limites à sa volonté ; car il nuirait aux droits égaux du propriétaire de l'autre rive.

Celui dont cette eau traverse l'héritage peut en user, et même la détourner dans l'intervalle qu'elle y parcourt, mais il doit, à la sortie de son fonds, la rendre à son cours ordinaire. (Code civil ; 644).

On a fait à cet égard, des réserves qui nous paraissent justifiées par le besoin de concilier les intérêts de l'agriculture, de l'industrie et les droits de la propriété.

Tout en reconnaissant ce que les dispositions de l'article 644 du Code civil, ont d'absolu, il a été décidé que le propriétaire dont l'héritage est traversé par une eau courante, ne peut en retarder le cours à sa volonté, ne peut la retenir de manière à nuire aux propriétaires inférieurs.

L'article 641, accorde aux propriétaires d'une source, la faculté de la détourner, d'en user à sa volonté, sauf le droit que le propriétaire inférieur pourrait tenir d'un titre ou de la jouissance non interrompue pendant trente années.

L'article 643, consacre une exception en faveur des habitants d'un hameau, d'un village ou d'une commune; mais, s'il n'y a pas prescription, le propriétaire de la source a droit à une indemnité.

Le droit d'irrigation étant un droit de pure faculté conféré par la loi, le non-usage pendant le temps plus que suffisant pour la prescription ne pourrait le faire perdre. Il faudrait que la prescription courût sur une contradiction à l'exercice de ce droit. Une usine même établie depuis un temps immémorial, ne peut y mettre obstacle sous prétexte qu'elle aurait prescrit la propriété des eaux ; et, quant à leur emploi, le titre de concession qu'elle a obtenu, si elle en a un, l'usage ancien qu'elle en a fait, si elle n'est que tolérée, n'a pu prescrire contre un droit de pure faculté réservé aux riverains, par la loi.

Les barrages pour l'irrigation ne peuvent être construits sans le consentement des propriétaires des deux rives; et, de plus, s'ils font refluer l'eau sur les propriétés étrangères, sans le consentement des possesseurs de ces propriétés, l'établissement en est généralement soumis à l'approbation de l'administration; cependant, s'ils ne sont que momentanés et qu'ils n'excitent aucune réclamation, l'administration est dans l'usage de les tolérer tacitement.

S'il s'agissait, au contraire, de former un barrage permanent, de pratiquer une prise d'eau, d'apporter en un mot, au régime d'un cours d'eau, une perturbation sensible au dehors de la propriété où ces ouvrages seraient exécutés, ou capables d'exercer quelque influence sur la salubrité publique, lors même que la perturbation ne serait sensible que dans cette propriété, *nul doute que l'administration ne pût et ne dût intervenir*. (Voir à cet égard l'opinion exprimée dans le Journal des communes, pages 223 et 224, année 1843).

Il suit de là que les riverains dont les fonds sont plus élevés que la surface fluide, ne peuvent de plein droit en arrêter le cours pour faire refluer les eaux sur leurs propriétés. La faculté d'irrigation, sans autorisation, se réduit donc à la permission de pratiquer de simples saignées, lorsque les terrains que l'on veut arroser, *sont en contrebas de la surface fluide;* circonstance qui rend le plus souvent cette opération inutile.

L'irrigation et tous les autres usages que l'on peut faire de l'eau, étant accordés aux riverains comme des droits de pure faculté, les propriétaires inférieurs ne peuvent s'opposer à l'exercice de ce droit, à moins que la consommation ne soit excessive. — *Cassation,* 8 *avril* 1807, 15 *avril, même année,* 17 *février* 1809 ; 10 *février* 1824 ; 21 *février* 1834. — Leur droit d'opposition dans ce dernier cas résulte, de l'article 645 du Code civil, et les lois, ainsi que la jurisprudence, sont unanimes pour le permettre, mais aussi pour modérer la consommation.

Les discussions qui s'élèvent sur ce point sont du ressort des tribunaux, si elles roulent sur des titres ou sur des droits acquis, sans que la police des eaux y soit intéressée. Elles rentrent, au contraire, dans les attributions administratives, si elles sont de nature à influer sur le régime des cours d'eau où elles prennent naissance.

Ce droit de l'administration d'intervenir dans le réglement des irrigations résulte avec évidence, de tous les principes que nous avons exposés, et il a été reconnu solennellement par un arrêt du conseil d'État, du 23 juillet 1838, et d'une ordonnance royale en conseil d'État du 20 mai 1843, — qui règle qu'un barrage ne peut être construit, même sur une rivière non navigable et par les riverains, sans une autorisation préalable de l'administration, (le Préfet a le droit dans ce cas d'en prescrire la suppression, (duc de Villequier), — et par un arrêt de la cour de cassation du 23 mars 1838 (Piedfer-Rosse), que l'on trouvera précédé d'une notice pleine d'intérêt dans les annales des Ponts-et-Chaussées (1839, page 366). Ces décisions disposent que l'administration a le droit non-seulement de réglementer les irrigations dans les rivières qui ne sont pas du domaine public, mais encore de les restreindre avec une juste mesure dans l'intérêt des usines, et d'établir, pour le maintien des dispositions prescrites, un syndicat pour nommer des gardes-rivières, et une taxe annuelle et locale pour le paiement des agents.

Les propriétaires dont les fonds ne touchent pas immédiatement au cours d'eau, n'ont aucun droit d'irrigation, lors même que le propriétaire intermédiaire leur accorderait le droit d'aqueduc. La loi, en effet, n'attribue ce droit qu'aux riverains. (Viollet J.-B., 1840.)

CONSIDÉRATIONS SUR L'EXISTENCE DES USINES ÉTABLIES SUR LES COURS D'EAU NON NAVIGABLES NI FLOTTABLES. — IRRIGATIONS, ASSAINISSEMENT, SYSTÈME ET RÉSULTATS.

—

Les eaux font partie de la fortune publique et par cela même, il est de toute justice qu'on leur donne la destination qui doit contribuer le plus au bien-être général.

Tout en reconnaissant que l'on doit faire beaucoup pour les grands centres de populations, où les manufactures sont presque toujours la principale ressource de la plupart des habitants sans fortune, je n'hésite pas à dire qu'il serait à désirer que l'on se préoccupât un peu plus des besoins de l'agriculture, et que l'on n'autorisât pas d'énormes consommations d'eau, pour le service d'usines d'une construction vicieuse, dont les produits doivent être à peu près nuls, et cela au préjudice de grands intérêts si longtemps négligés.

Toute concession devrait être faite sous la condition que l'irrigation n'aurait jamais à souffrir de l'établissement d'une usine.

Tout appareil qui exigerait une consommation excessive, hors de proportion avec l'effet à obtenir et de nature à nuire aux intérêts de l'agriculture, devrait être interdit.

On devrait toujours veiller avec le plus grand soin à l'exécution des conditions imposées à chaque usinier; et malheureusement, si tout le monde est intéressé à le faire, personne ne s'en occupe. Le garde-champêtre, le seul agent de l'administration qui puisse, dans la plupart des départements, donner quelques soins à cette surveillance, ne sait même pas qu'il a le droit et qu'il est de son devoir de prévenir toute entreprise qui pourrait avoir pour effet de causer le moindre préjudice, de ralentir le cours des eaux quelque peu que ce soit.

On se plaint amèrement de ce qui existe, tout le monde est d'accord sur ce point qu'il y a beaucoup à faire, sous le rapport de la police et du régime des eaux ; mais, on se borne à faire des vœux, comme si l'on attendait que la providence vînt elle-même apporter des améliorations à un état de choses que ceux qui en souffrent, ne peuvent attribuer qu'à une coupable négligence de leur part.

L'administration ne demande qu'à faire le plus de bien possible ; mais que peut-elle, si elle ne trouve pas dans la population un concours dévoué, un appui constant ?

Quelles seront les mesures que pourra prendre un Préfet, s'il ne rencontre des gens disposés à en faciliter l'exécution ? L'intérêt de l'État est lié à l'intérêt particulier ; mais l'État peut-il tout faire ? Et puis on n'ignore pas, sans doute, que dans un département comme l'Oise, par exemple, s'il y a de nombreuses communes intéressées à la question des irrigations, il y en a au moins autant pour lesquelles cette question n'a aucune espèce d'importance. Il ne paraîtrait pas équitable de mettre à la charge du département, pour l'exécution de mesures vivement désirées et d'une utilité relative incontestable, des dépenses qui ne profiteraient pas à toutes les communes qui le composent.

Il faudrait donc que les propriétaires des vallées se concertassent, pour provoquer eux-mêmes les mesures que tous reconnaissent nécessaires, et dont les conséquences leur seraient si avantageuses.

Il existe des usines qui ont si peu d'importance, que l'on pourrait les acheter pour les détruire, s'il était reconnu qu'elles sont un obstacle à un meilleur emploi des eaux ; mais, il est fort rare que l'existence d'une usine présente des difficultés que l'on ne puisse aplanir, qu'en supprimant la retenue d'eau qui sert au mouvement de cette usine

J'ai, sur ce point, une opinion qui semblera d'abord un paradoxe ; mais quelques mots d'explication suffiront pour la justifier. Il est incontestable que plus le niveau des eaux d'une rivière quelconque, est élevé, plus utile peut en être l'emploi, tant sous le rapport de l'industrie que sous celui de l'agriculture ; il est également incontestable que les eaux d'une rivière, se trouvent d'autant plus élevées qu'il y a plus de barrages. Or, comme généralement il n'y a pas de moulin sans barrages, on semblerait pouvoir dire *que plus il y a de moulins, plus utile peut être l'emploi d'un cours d'eau.*

Cette conclusion serait tout simplement absurde. Mais, ce que je crois pouvoir établir c'est que, contrairement à ce qui est admis comme principe, il est très-facile de concilier l'existence d'un grand nombre d'usines et les intérêts de l'agriculture.

On fixe ordinairement le niveau de la tenue des eaux, à 0m 20 cent. en contrebas des rives, et quand il s'agit de rivières naturelles, cette précaution suffit pour ne pas occasionner une humidité constante qui nuit essentiellement à la végétation; mais, les cours d'eau qui alimentent les usines en général, sont ou des canaux creusés de main d'homme, ou les bords en ont été relevés par des digues. Dans l'une et l'autre hypothèse, la prairie est au-dessous du niveau supérieur des eaux, et la précaution prise par l'administration, ne saurait avoir pour résultat de sauvegarder les intérêts des propriétaires des terrains avoisinant les usines.

Si l'on adoptait un autre parti, si on se préoccupait exclusivement de l'asséchement de ces terrains, il deviendrait très-difficile d'établir des usines, et on priverait ainsi l'industrie d'une force qu'elle ne remplacerait qu'au moyen des plus grands sacrifices. Il faut donc renoncer à cette idée exclusive et rechercher quels seraient les moyens de concilier tous les intérêts.

Ces moyens sont employés dans quelques cas exceptionnels et peuvent presque toujours être appliqués. Ils consistent tout simplement dans le creusement de fossés latéraux.

Ces fossés devraient avoir une profondeur telle, que les eaux de la rivière ne pussent jamais nuire aux terrains qu'elles traverseraient. Quant à la largeur, elle pourrait être peu considérable, si la pente en long permettait un écoulement facile; toutefois, il faudrait toujours agir en vue de rendre l'effet des crues extraordinaires, le moins préjudiciable possible, et à cet égard, le calcul et l'expérience seraient des guides certains.

L'établissement de ces fossés, ne pourrait jamais être un obstacle à l'irrigation, puisqu'au moyen de conduits, on pourrait toujours emprunter telle quantité d'eau que l'on voudrait au cours principal; cette opération permettant, au contraire, de tenir les eaux à une plus grande hauteur, il y aurait d'un côté, consommation moindre comme force motrice, et possibilité de conduire les eaux à une plus grande hauteur et par conséquent à une plus grande distance.

L'existence d'un certain nombre d'usines, n'est donc pas absolument incompatible avec les intérêts de l'agriculture ; elle peut au contraire les servir dans une certaine mesure.

Voilà ce que je désirais prouver.

Si l'établissement de fossés latéraux peut avoir ce double résultat, de permettre la construction d'un grand nombre d'usines, et de laisser cependant une grande quantité d'eau à la disposition de l'agriculture, il fournit encore les moyens d'assécher les terrains éloignés des rives des cours d'eau, terrains dans lesquels il y a de fausses sources ou sous lesquels règne souvent une nappe d'eau souterraine, qui les rend marécageux, et par conséquent, peu fertiles.

Il ne faut pas perdre de vue, d'ailleurs, que des travaux de curage, exécutés avec soin, dans nos cours d'eau, auraient pour résultat d'augmenter les sections d'écoulement, de retrouver la force consommée aujourd'hui à vaincre la résistance qu'opposent à l'écoulement des eaux, les herbes, les racines, les arbres et les attérissements qui se forment çà et là.

L'effet des frottements continuels, occasionne une perte considérable que l'on atténuerait par un entretien intelligent et peu coûteux, de nos nombreux cours d'eau.

Il existe, il est vrai, des moulins dont le système laisse beaucoup à désirer sous le rapport de la grande consommation d'eau qu'ils font, comparée avec l'effet qu'ils produisent, et cette circonstance peut avoir pour résultat, de priver les riverains d'une partie des avantages qu'ils pourraient retirer de l'irrigation de leurs propriétés ; mais, malgré l'existence de ces usines, l'agriculture pourrait encore obtenir une part d'eau suffisante pour ses besoins, si, au lieu d'avoir des rivières et des ruisseaux pleins de boue, d'herbes, et dont la largeur est réduite de moitié par les éboulements qui se produisent assez fréquemment, on s'occupait d'assurer partout le libre écoulement des eaux qu'on laisse perdre avec une insouciance qui ne s'explique que par l'apathie innée chez la plupart de nos cultivateurs, et la crainte de faire, en pure perte, des dépenses souvent peu importantes.

Un de mes amis, homme d'une grande intelligence, avait une prairie dans laquelle se trouvait un ruisseau qui coulait dans la partie la plus basse du terrain, à l'irrigation duquel il devait servir. Pendant longtemps, le propriétaire s'était demandé s'il ne rencontrerait pas un moyen de tirer parti de ce filet d'eau. Il reconnut, après mûr examen, qu'il était possible de le faire passer dans la partie la plus haute de sa prairie; c'était déjà beaucoup, puisqu'il pouvait, dès-lors, irriguer toute sa propriété; mais, il pensa que le plan d'eau, se trouvant ainsi élevé, il pourrait, en le conduisant à une grande distance, obtenir une force motrice suffisante pour établir une usine dont il avait vivement senti le besoin, depuis longtemps.

Il se mit à l'œuvre, éleva encore son plan d'eau, au moyen du gazonnement d'une des berges, et, quelques mois après, on remarquait, avec admiration, ce que peut faire l'intelligence patiente : où l'on n'avait vu jusqu'à ce moment, qu'un mince filet d'eau se traînant misérablement à travers des roseaux et des joncs, il y avait une petite usine qui suffisait aux besoins du propriétaire, et dont les produits de quelques années, payèrent la construction. La prairie donne aujourd'hui, en grande abondance, d'excellente herbe, et autrefois il y poussait beaucoup plus de laiches et de joncs qu'autre chose.

On peut donc, je le répète, concilier l'existence des usines et les exigences de l'agriculture.

Si, aujourd'hui, certains terrains, retenant de grandes quantités d'eau, ne sont, à proprement parler, que des marécages, il y a évidemment perte considérable pour les propriétaires; mais, il en résulte un autre inconvénient tout aussi grave pour l'industrie, par la raison que ces eaux sans écoulement, sont perdues, sans profit aucun, quand elles pourraient venir en augmentation du volume d'eau, qui sert de force motrice aux usines existantes.

Les mesures d'assainissement sont donc profitables à l'industrie et à l'agriculture. Elles intéressent, d'ailleurs, essentiellement la salubrité publique. On doit, par conséquent, non-seulement les favoriser, mais encore les provoquer par tous les moyens dont dispose l'administration.

Ce que l'irrigation emprunterait aux usines serait compensé, et au-delà, par ce qui reviendrait à l'industrie, de la surabondance d'eau qui se trouve dans quelques terrains.

Il faudrait, pour atteindre ce but, creuser des rigoles ou des fossés. On pourrait objecter que le creusement de ces rigoles ou des fossés latéraux dont j'ai déjà parlé, ferait perdre une étendue de terrain assez considérable; que l'exécution de cette mesure occasionnerait de grandes dépenses en terrassements surtout; puis, enfin, qu'il y a des circonstances où l'existence de fossés toujours ouverts, pourrait contrarier les riverains soit pour une raison, soit pour une autre.

Sans discuter le mérite de toutes ces objections, je dirai qu'il n'y a pas nécessité absolue d'avoir des fossés constamment ouverts, et qu'ainsi, l'on peut bien ne pas perdre de terrain, de même que l'on peut se dispenser de faire des terrassements considérables.

Il suffirait pour cela, de creuser de petites tranchées dont la section serait un trapèze, de placer des conduits dans le sens longitudinal, de manière à laisser un vide suffisant pour l'écoulement des eaux dont on voudrait se débarrasser.

Je dois dire, toutefois, que le long des cours d'eau sujets à déborder, on doit préférer l'existence de larges fossés ouverts pouvant recevoir le trop plein de l'émissaire principal. Ils rendraient moins préjudiciables à l'agriculture, les crues extraordinaires qui surviennent, par suite d'orages, quelquefois au moment où les herbes sont avancées, d'autres fois, après la fauchaison et avant la rentrée des foins.

La forme de ces fossés, d'ailleurs, peut être telle que les parois en soient toujours productives. Il suffit, pour cela, d'évaser les talus, en les raccordant au moyen d'un arc de cercle à grand rayon, avec le terrain de la prairie.

Cétte disposition fort simple, permet de faucher les talus tout aussi facilement que la prairie elle-même.

On ne doit pas perdre de vue qu'il importe que les bords du cours d'eau principal, soient établis de niveau, afin de rendre égale la position des propriétaires des deux rives.

On m'a dit souvent que la plupart des mesures d'assainissement, sont contraires aux intérêts des riverains; que le curage des petits cours d'eau, surtout, est une opération qui cause plus de perte qu'elle ne rapporte de profit.

Tout en convenant, ainsi que je l'ai déjà dit, que le défaut d'ensemble dans les mesures de cette nature, occasionne des frais considérables, je pense que l'égoïsme, toujours enclin à exagérer les dépenses, cherche à exploiter des préventions que l'on ne peut qu'attribuer à l'ignorance et à la nécessité de débourser quelques sous, pour faciliter l'écoulement des eaux.

J'ai répondu que cette opération offrirait un moyen fort simple de prévenir les fâcheux effets que l'on redoute, et qui doivent consister en ce que les parties de prairies où il n'existe qu'une humidité suffisante deviendront trop sèches, et que si les parties mouillées produisent de meilleurs foins, elles en produiront moins.

Ce moyen consiste, d'abord, à rendre toujours facile l'écoulement des eaux — j'ai déduit les avantages de cette mesure ; je n'y reviendrai pas ; — ensuite, à établir des barrages qui permettent de disposer d'une quantité d'eau suffisante, aux époques convenables, pour aider la végétation, en portant dans les terrains, les principes si éminemment fécondants que contiennent les eaux.

Si vouloir, c'est pouvoir, est presque un axiôme, c'est surtout quand il s'agit de l'application de toutes les mesures qui viennent d'être examinées successivement. De nombreux faits, que je citerai seulement en passant, et que tout le monde pourra vérifier, prouveront ce que j'avance.

Si le plus grand obstacle que rencontre l'emploi des bonnes méthodes, vient de l'indifférence que montrent la plupart des cultivateurs, pour les mesures de progrès, d'amélioration ; il faut convenir que c'est pour eux une immense difficulté que d'avoir à vaincre, dans leur isolement et livrés à leurs seules ressources, les résistances individuelles que font naître l'ignorance, l'égoïsme et l'amour-propre.

Il faudrait, donc, comme je ne cesserai de le répéter, que l'initiative vînt du gouvernement ou de l'Assemblée. Cette initiative pourrait consister simplement dans l'obligation que l'on imposerait aux départements, de préparer des réglements dans l'espace de cinq années au plus, pour tous les cours d'eau principaux, leurs dérivés et leurs affluents quelconques.

La commune de Lestre, située dans le département de la Manche, aux abords de la mer, possède une étendue de marais considérable ;

le sol uni sur un grand nombre de points et d'une excellente qualité, d'ailleurs, ne produisait rien, par la raison que, dans les grandes marées, les eaux de la mer faisaient de ce terrain un immense lac. Non-seulement on éprouvait une vive contrariété de ne pouvoir tirer parti d'une aussi belle propriété; mais, on concevait encore des craintes sur l'effet destructif des eaux de la mer, qui occasionnaient des erosions considérables le long des berges de la rivière qui traverse ce terrain, creusaient çà et là de nombreuses excavations dans l'intérieur même du marais, qui pouvaient finir par rendre toute amélioration impossible.

Je fus consulté sur le parti à prendre, et comme il ne s'agissait que de construire une digue avec un ponceau à clapet, placé à une hauteur qui permît de se débarrasser du volume d'eau le plus considérable possible, pendant le flux et le reflux de la mer, je présentai un projet que l'on n'approuva que parce que le maire du chef-lieu d'arrondissement fit partager au conseil municipal la confiance dont il m'honorait.

Notre opération produisit le résultat que j'en attendais, et, aujourd'hui, la commune de Lestre, a une propriété d'une très grande valeur, qui la met à même de satisfaire à tous ses besoins. La digue a coûté seulement 1,25 le mètre courant, et la dépense totale s'est élevée à 1,500 fr. En comparant ce chiffre à l'excédant de produit qui en résulte dans le rapport du marais, on a trouvé une différence de 1,500 francs.

Cette excellente opération aurait pu être exécutée vingt ans plus tôt, et donner ainsi à cette commune, les moyens de se faire un revenu annuel de 1,500 fr., lequel aurait permis de réaliser, pendant ce temps, un capital de 77.000 francs.

Je ne cite ce fait que comme un exemple des pertes qu'éprouve l'agriculture, par suite de l'insouciance que l'on apporte à s'occuper de la question si importante des irrigations et des asséchements, question qui, résolue comme elle pourrait l'être, permettrait d'obtenir de nos prairies tout ce qu'elles peuvent produire.

Il est essentiel de remarquer que les asséchements, tout en donnant les moyens d'assainir les terrains trop humides, augmenteraient considérablement la masse d'eau des rivières, et permettraient, ainsi que je l'ai déjà dit, de concilier les besoins de l'agriculture et de l'industrie, considération bien importante quand il s'agit d'une force naturelle si facile à utiliser.

IRRIGATIONS PROPREMENT DITES.

La quantité d'eau nécessaire à l'irrigation est essentiellement variable; on le comprend aisément.

Si les arrosages dans une proportion convenable, en temps opportun, produisent d'excellent effets, personne n'ignore que les plantes fortement arrosées donnent des feuilles en grand nombre, mais peu de fruits. Quand il s'agit de prairies, on peut donc faire des arrosages abondants; mais, pour les céréales, il faut apporter beaucoup de réserve.

L'expérience est, sous ce rapport, le seul guide certain : des règles fixes ne sont pas possibles. On a des données plus exactes sur la quantité d'eau, en moyenne, nécessaire à l'irrigation des prairies; cependant il y a, par département, d'assez grandes différences.

Dans une année favorable à la culture, il tombe assez d'eau pour former, à la surface de la terre, une couche de 0^m 55 cent. de hauteur. En admettant que cette quantité fût répartie entre le nombre d'arrosages nécessaires, depuis le mois d'avril jusqu'au mois de septembre, on trouverait pour vingt, une moyenne de 0^m 0275. Il faudrait donc obtenir à peu près cette hauteur, au moyen de l'irrigation.

D'après cette base, on arroserait un hectare avec 275 cubes d'eau par semaine et 5,500m pendant la durée de l'irrigation; mais, pour pouvoir donner à la terre cette quantité d'eau, il est essentiel de ne pas perdre de vue qu'il faut disposer d'un volume plus considérable, par la raison qu'il existe deux causes qui réduisent de beaucoup la quantité d'eau que l'on emploie aux irrigations.

Pour conduire les eaux du point où on les prend, jusqu'aux endroits où elles sont distribuées successivement, entre les parties des terrains à arroser, il faut avoir recours à des canaux, à des fossés, à des rigoles, dont les parois sont toujours perméables, peu ou beaucoup. Il y a conséquemment des infiltrations sur toute la longueur qu'ils comportent, et il est bien difficile d'évaluer la quantité d'eau perdue. Ensuite, il y a l'évaporation dont l'action varie suivant l'état de l'atmosphère et suivant la température de la surface du terrain à irriguer.

Ces deux circonstances causent un déchet peu appréciable, mais qui n'en existe pas moins. On comprend donc aisément qu'il faut pouvoir disposer de plus de 275 litres d'eau, par semaine, pour l'irrigation d'un hectare de prairie, si l'on veut que cette opération ait toute l'efficacité désirable.

On se trouverait au-dessus de la vérité, en portant le déchet total à un tiers de ce que reçoit le sol d'une nature ordinaire. En comptant 360^{m} cubes par hectare, par semaine, et 7,200^{m} par année, on serait dans le vrai.

Un débit continu de 0^{l} 60^{c} par seconde, suffirait donc à l'irrigation d'un hectare de terrain, et au moyen d'une dérivation qui débiterait 18 litres à la seconde, on arroserait 30 hectares.

M. Nadault de Buffon, qui s'est beaucoup occupé des irrigations, établit qu'en faisant la part du déchet occasionné par l'évaporation et par les infiltrations dans les rigoles appelées dans l'Oise, *porteuses d'eau*, on pourrait irriguer un hectare de terrain, avec un débit moyen continu de 0 litre 75, à la seconde.

Ce volume d'eau se trouvera généralement sans la moindre difficulté, sans nuire en rien à l'industrie; mais, il faut que tout se fasse régulièrement ; il faut interdire les saignées, les barrages en gazon, système vicieux sous tous les rapports, système qui non-seulement donne lieu à des consommations excessives, sans contrôle, mais qui amène des résultats tout aussi fâcheux sous le rapport de l'encombrement des cours d'eau, occasionné par les terres employées aux barrages provisoires, terres que l'on ne se donne pas la peine d'enlever quand le temps de l'irrigation est passé, et qui causent des inondations aux époques où elles sont le plus préjudiciables à l'agriculture.

L'eau est une richesse que l'on gaspille, comme les prodigues dépensent leur fortune. On ne comprend pas que c'est un des agents les plus puissants de la fertilisation de nos terres; que la fortune publique augmenterait d'un cinquième au moins, si l'on se préoccupait davantage des moyens de l'utiliser.

On se plaint quelquefois que le travail manque dans les campagnes; les propriétaires, les fermiers disent, dans ces moments difficiles où la faim pousse les pères de famille à demander, à exiger de l'ouvrage, qu'ils n'ont pas d'argent pour faire travailler, et, malheureusement, c'est souvent la vérité. Ce serait donc un grand bonheur, que de pouvoir occuper de nombreux ouvriers, de les moraliser par le travail, de leur ôter toute idée de révolte contre ceux qui possèdent; mais, si, en obtenant ces résultats, on réalisait encore d'importants bénéfices, si on préparait pour l'avenir des ressources précieuses, certaines, assurées, ne serait-ce pas là, une œuvre de haute portée? Eh bien! la providence nous a donné les moyens de résoudre ce problème. Il dépend de nous seuls d'aller en avant et de profiter des immenses ressources mises à notre disposition.

Des calculs d'une grande exactitude ont prouvé que, dans l'arrondissement de Beauvais, la superficie de prairies irriguées plus ou moins convenablement, est de 1,898 hectares seulement, tandis qu'elle pourrait être de 3,037 hectares.

En admettant que chaque hectare irrigué, produisît, en moyenne, un cinquième de plus que s'il ne l'était pas, soit 40 quintaux métriques au lieu de 32, ce serait pour une différence de 1,139 hectares, 9,112 quintaux de foin que l'on récolterait de plus que l'on ne le fait aujourd'hui.

En évaluant le quintal à 4 fr. 00 seulement, on trouve une différence de 36,448 fr. Si l'on y ajoute le montant des pertes occasionnées, dans certaines années, par suite des débordements, et dont la moyenne peut s'élever, pour une période de cinq ans, à 100 fr. l'hectare, pour 480 hectares et par année, c'est-à-dire, à 9,600 fr., nous aurons, comme représentant la perte annuelle, le chiffre de 46,048 fr.

L'arrondissement de Beauvais, ayant à peu près le 1/3 de la superficie du département de l'Oise, il en résulte que, chaque année, l'agriculture éprouve une perte que l'on ne peut guère évaluer à moins de 140,000 francs.

C'est là un fait de nature à appeler toute l'attention du gouvernement, sur l'importante question des irrigations et, en général, sur l'aménagement des eaux.

Pour rester dans le vrai, il faut dire que si, pour quelques contrées, la question des irrigations est une question capitale; que si, pour d'autres, les dangers des inondations qui, il y a peu de temps encore, ont occasionné de si terribles catastrophes, réclament toute la sollicitude de l'administration pour les populations exposées à subir les effets de ce fléau destructeur contre lequel toute la force humaine lutte parfois vainement, la constitution géologique de certains départements, ne nécessitera très probablement jamais l'exécution de grands travaux pour l'établissement d'un vaste système d'irrigation, de même qu'elle pourra rassurer jusqu'à un certain point, les populations, contre les inondations qui, offrant rarement de sérieux dangers, ne pourront causer de dommages considérables, pour peu que l'administration veille, comme elle le fera, à l'exécution des lois et des réglements sur la matière.

Cette grande question se trouve donc très facile à résoudre pour quelques départements, ce qui ne veut pas dire, tant s'en faut, qu'il n'y ait rien à faire, sous le triple rapport sous lequel on doit l'envisager, c'est-à-dire, au point de vue des irrigations, des inondations et des assèchements, dernière opération dans laquelle nous devons comprendre le drainage. Il y a nécessité, au contraire, de s'occuper des mesures à prendre pour profiter de la force gratuite que nous a donnée la providence, pour rassurer le cultivateur autant que faire se pourra, sur les dangers auxquels il peut être exposé, par suite des grandes pluies d'orage ou des fontes de neige, et, enfin, pour lui assurer les avantages que peut procurer l'opération dite drainage, par laquelle on se débarrasse de l'excès d'humidité qui rend certains terrains stériles.

Il y a malheureusement des inondations contre lesquelles il n'y a pas de remède immédiat à employer, contre lesquelles les lois en vigueur sont insuffisantes, et qui ne causent généralement de grands dommages que dans les terrains en labour.

Pour en neutraliser les effets, d'une manière permanente et aussi efficace que possible, il y a à prendre des mesures qui n'ont aucune espèce de rapport avec les lois actuelles, et qui probablement n'en auront même jamais avec celles que l'on pourrait préparer pour l'aménagement proprement dit des eaux.

Ces inondations seraient toujours sans danger réellement sérieux pour la plupart des vallées, si les cours d'eau étaient bien tenus; et si, actuellement, elles causent des dommages, d'autant plus grands dans les terres en culture, que les eaux traversent des terrains fortement accidentés, qu'elles enlèvent la terre végétale, privent ainsi le pays de ce qu'il y a de plus précieux, ravinent les propriétés sur certains points, déposent sur d'autres des amas de pierres, des débris divers, elles seraient presque inoffensives, dans la plupart des vallées, si l'entretien des cours d'eau laissait moins à désirer, si, surtout, l'on fixait d'une manière invariable, les hauteurs du point d'eau des nombreuses usines qui n'ont pas de titre légal. Si une loi sur les reboisements était en vigueur, on pourrait indiquer l'époque à laquelle les inondations deviendraient très rares, dans une partie de nos vallées. Aussi, est-il à désirer qu'une mesure législative sur la matière, impose à certaines communes, l'obligation de faire des plantations dans les terrains incultes des sommets et des versants des côteaux qui bordent les vallées et qui sont peu productifs, eu égard aux fortes pentes qu'ils affectent.

Cette question de reboisement paraît, au premier abord, à peu près étrangère aux irrigations, à l'aménagement des eaux, et cependant il n'en est rien.

Sur quelques points, en effet, les plantations paraissent produire un effet qui a beaucoup d'analogie avec les résultats de l'arrosage.

Dans certaines contrées déshéritées du moyen de fertilisation que fournissent les eaux courantes, il existe cependant d'excellents herbages où l'effet des sécheresses ordinaires se fait peu sentir.

Pour certains cas, ce résultat remarquable paraît devoir être attribué à l'existence de nappes d'eau souterraines, lesquelles, eu égard à la capillarité et à la nature spongieuse du sol supérieur, entretiennent le terrain dans un état d'humidité qui peut activer la végétation, quand l'action de la capillarité ne se combine pas avec celle de l'évaporation.

Pour d'autres, sans nier l'existence de nappes d'eau souterraines, dont aucun indice matériel n'annonce pourtant la présence, ce résultat semble être dû à la fraîcheur de l'air, entretenue par le voisinage de plantations nombreuses qui existent ordinairement autour des hameaux en général, et des agglomérations quelconques.

Cette remarque a pu être faite par toutes les personnes qui ont parcouru la Normandie, la Vendée, la Bretagne et la Picardie.

Ce serait donc une excellente mesure que le reboisement des terrains incultes, au point de vue de l'agriculture; considérée sous le rapport hygiénique, elle est tout aussi désirable. Aussi, avons-nous applaudi au projet que paraît avoir le gouvernement de planter nos routes nationales.

C'est un pas fait vers le reboisement que quelques communes exécutent peu à peu, sur leur territoire respectif, en votant annuellement une allocation qui ne grossit guère le budget, et qui produira cependant d'heureux résultats.

Espérons que le temps n'est pas éloigné où le reboisement ne sera plus une mesure facultative, mais bien obligatoire, dans une certaine proportion.

Dans les contrées où l'agriculture a des eaux courantes en abondance, à sa disposition, la dépense à faire pour en profiter, en les appliquant à l'irrigation, reste bien au-dessous des avantages qu'elle donne les moyens d'obtenir.

Nous avons vu en effet qu'un débit continu de 0 litre 60 suffit, en moyenne, pour arroser un hectare. Or, personne n'ignore que cette faible quantité d'eau peut facilement s'obtenir à peu de frais, et sans nuire à l'industrie à laquelle on enlève une force incalculable par la méthode vicieuse des tranchées, des barrages en gazon.

Un vannage d'un mètre de largeur, en supposant la vanne élevée à une hauteur de 0 m 10 cent. seulement, au-dessus du radier, ayant une pression de 0m 05 cent. au-dessus du vide, donnerait 86 litres à la seconde, et suffirait presque toujours à l'irrigation de deux hectares de prairie.

Le tableau qui suit, donnera une idée exacte des dépenses d'eau qui s'effectuent par une vanne verticale d'un mètre de largeur, avec charge ou pression.

Les calculs ont été faits dans l'hypothèse d'une contraction complète; dans le cas où il en serait autrement, on multiplierait pour obtenir la dépense effective, les nombres de ce tableau, par :

1 m 125, si la contraction n'avait lieu que sur un seul côté.
1 m 072 *id.* — sur deux côtés. —
1 m 035 *id.* — sur trois côtés. —

Le cas de contraction complète se rencontre presque toujours en pratique, quand il s'agit d'irrigations surtout.

TABLE des dépenses d'eau, effectuées par une vanne verticale de 1 m de large avec charge ou pression sur l'orifice. (La contraction complète.)

HAUTEUR des pressions en mètres.	DÉPENSE D'EAU PAR SECONDE POUR DES HAUTEURS D'ORIFICE DE										
	5 c	10 c	15 c	20 c	25 c	30 c	33 c	35 c	40 c	45 c	50 c
	litres	litres	litres	litres	litres	litres	litres	litres	litres.	litres.	litres.
0m 10c	44	86	126	167	»	»	»	»	»	»	»
0 15	54	105	155	203	254	307	»	»	»	»	»
0 20	62	122	179	235	294	353	388	415	484	»	»
0 25	70	136	201	264	329	395	434	460	527	592	661
0 30	76	149	220	291	363	434	477	507	577	649	719
0 35	82	162	238	314	393	471	518	548	626	703	773
0 40	88	173	255	337	420	504	555	588	671	754	836
0 45	93	183	271	362	446	536	588	624	712	802	898
0 50	98	193	285	377	471	564	622	659	753	847	940
0 55	103	203	299	390	494	593	651	692	791	888	988
0 60	107	212	312	414	516	624	676	717	819	920	1023
0 65	112	221	325	430	543	651	716	760	867	975	1084
0 70	116	228	338	447	559	670	737	782	894	1005	1115
0 75	120	236	350	463	579	695	758	811	925	1041	1156
0 80	124	246	361	485	598	718	789	837	957	1076	1194
0 90	131	259	384	509	636	762	839	889	1017	1144	1271
1 00	138	272	405	536	670	804	884	938	1070	1204	1337
1 10	145	283	424	562	702	843	927	983	1124	1265	1405

Si, d'un côté, on pouvait calculer le volume considérable d'eau qui se gaspille en pure perte, on s'étonnerait que dans un pays comme le nôtre, on laissât improductive une force aussi grande, un agent de production toujours si utile, et souvent indispensable; si, d'un autre côté, on savait combien un système d'assèchement bien entendu augmenterait le volume des eaux appelées à desservir les intérêts de l'industrie et de l'agriculture, on regretterait amèrement les longues années pendant lesquelles de véritables trésors enfouis à nos portes, sont restés inconnus.

DES DIFFÉRENTS SYSTÈMES D'IRRIGATION.

—

Dans le Var, dans la Sarthe, dans les Vosges et dans la Moselle, on a obtenu d'immenses résultats des divers systèmes d'irrigations qui ont été appliqués. Les mesures prises ont acquis un développement considérable, et tout fait espérer que les succès qui ont déjà couronné les louables efforts faits jusqu'à présent, seront un encouragement pour les agriculteurs à qui il est dû, et un stimulant énergique auprès de ceux qui n'ont pas encore eu l'heureuse idée de marcher résolument dans cette voie.

Il existe trois systèmes principaux d'irrigation, que l'on n'applique pas indifféremment.

Le premier, qu'a plus particulièrement étudié M. Nadault de Buffon, est celui qui a été suivi en Italie et dans les parties méridionales de la France : c'est l'arrosage qui a pour but de neutraliser les effets des sécheresses de l'été et qui appauvrirait le sol, si l'eau était pure et trop abondante. C'est, à proprement parler, le système d'irrigation par déversement appliqué presque exclusivement dans nos contrées.

Le choix des systèmes d'irrigation doit dépendre surtout de la situation des terrains. C'est là une considération qu'il ne faut jamais perdre de vue.

Quand un terrain est plane, quand il n'est pas d'une nature marécageuse, on peut recourir au mode dit, par submersion, qui n'est autre chose que le colmatage.

Ce système est celui que suivent des agriculteurs du département des Vosges, et que l'on applique surtout dans le Nord de la France. Il se pratique comme moyen d'amendement, en épandant sur les prairies, la masse des eaux troubles qui y déposent les terres végétales qu'elles ont enlevées sur d'autres points.

En 1845, le 2 juin, un orage occasionna dans le versant de nos côteaux de grands ravages; mais, sur certains points des vallées, les eaux amenèrent une quantité considérable d'excellente terre végétale limoneuse qui eût suffi pour rendre très fertiles, les terrains de la plus mauvaise qualité.

Le système, dit colmatage, peut donc avoir de très bons résultats, mais il y a plus souvent à le restreindre qu'à le propager. C'est à ce système que la vallée du Nil doit sa fertilité.

Dans une grande partie de la France, ce genre d'irrigation n'est qu'accidentel, et malheureusement si, en hiver, il est plus généralement avantageux que nuisible, il fait éprouver, en été, des pertes considérables, quand tombent de grandes pluies d'orage, parce que si on ne le favorise pas positivement en hiver, on ne le combat pas en été.

Si, au contraire, on prenait les mesures nécessaires pour qu'il pût être complet, quand il ne peut qu'être utile à la fertilisation de nos vallées, et pour qu'il fût presque impossible, pendant la belle saison, on rendrait un immense service à l'agriculture et à l'industrie.

Il suffirait pour atteindre ce but, de tenir toujours les émissaires principaux en bon état; d'avoir des préposés nommés *rigoleurs* ou *garde-rivières*, qui veilleraient avec le plus grand soin à lever les vannes, à débarrasser le lit des cours d'eau, des immondices qui pourraient favoriser les crues extraordinaires.

Quand on veut l'appliquer dans les temps ordinaires, il faut s'y préparer par l'établissement de banquettes en gazon de 0^m 60 à 0^m 65 de largeur, de 0^m 20 de hauteur avec talus à 45°.

Pour n'avoir pas de transports coûteux à effectuer, on peut creuser un fossé au pourtour de la prairie, et se servir des terres qui en proviennent, pour la construction de la banquette.

Ces travaux préliminaires exécutés, on construit un vannage dans la partie la plus basse du terrain, pour que l'écoulement des eaux se fasse très promptement.

La prise d'eau s'établit au point le plus élevé, et on donne à l'orifice la grandeur nécessaire, pour que la prairie puisse être promptement couverte d'une couche d'eau, de 0^m 10 au moins.

La durée de l'immersion, est proportionnée à la nature du sol et à l'époque de l'année, à laquelle elle a lieu. Il ne faut, dans certains cas, que deux jours, dans d'autres cinq et même six.

Le signe auquel on reconnait qu'il est nécessaire d'évacuer l'eau, c'est la formation d'écume ou de bulles à la surface de l'eau, ou bien encore quand l'eau se trouble. On commence à inonder les terrains que l'on veut soumettre à ce genre d'irrigation, au printemps. Comme à cette époque, la végétation n'est encore guère active, on peut prolonger l'immersion pendant sept et même huit jours, si la température n'est pas élevée.

Si les circonstances le permettaient, on obtiendrait de meilleurs résultats, en arrosant plus souvent et par périodes moins longues. Il est surtout important de faire profiter les herbes, de belles journées de soleil.

Quand il gèle tardivement, il faut inonder pendant tout le temps de la gelée. Quand l'herbe commence à bien pousser, on cesse l'irrigation que l'on reprend après la première coupe des foins.

Quelques jours après chaque coupe, on inonde pendant deux ou trois jours, suivant l'état du terrain, à deux reprises différentes; mais pour la seconde, il faut attendre que le terrain soit revenu dans un état de siccité convenable.

Quand les prairies que l'on veut irriguer sont, au contraire, marécageuses ou bourbeuses, quoiqu'affectant de faibles pentes, et que l'on peut d'ailleurs faire une prise d'eau sur un ruisseau ou sur une rivière, à 0m 50 ou 0m 60 en amont du point le plus élevé, on doit appliquer de préférence le système dit par déversement, qui consiste à former des *ados* ou *plans inclinés* en sens contraire, deux à deux, portant à leur sommet des rigoles d'alimentation et séparés par des rigoles de décharge.

Ce mode d'irrigation, en usage dans une grande partie de la France, en Angleterre et surtout dans les possessions autrichiennes de l'Italie, a produits d'excellents résultats. Il est d'une grande simplicité et peut être appliqué à très peu de frais.

L'expérience a conduit à donner de 4m à 5m, à chaque plan incliné et de 0m 08 à 0m 09 de pente par mètre. Quand le terrain est peu perméable, on ne donne que 0,05. On comprend aisément que la pente doit être d'autant moins forte, que le terrain est plus compacte et plus gras.

Comme il est important que les *ados* aient le moins de longueur possible, par la raison que les terrassements doivent le plus souvent être moins élevés, et aussi pour que le dépôt de limons se fasse d'une manière plus uniforme, il y a lieu d'examiner s'il serait plus avantageux de faire une seule prise qui fournirait de l'eau à toutes les rigoles d'alimentation, que de pratiquer des vannages au cours d'eau principal, pour chaque *ados*.

Comme une seule prise permettrait de n'établir qu'un vannage réel, puisque le canal d'alimentation pourrait donner de l'eau aux porteuses, au moyen de simples coupures, je ne pense pas que l'on puisse hésiter un seul instant sur le parti à prendre.

Il ne faut pas perdre de vue que les bords des porteuses, doivent être parfaitement de niveau, et le fond n'avoir qu'une faible pente, de 0m 0005 à 0,001 au plus, par mètre.

On a reconnu que pour des *ados* de 50m, une largeur de 0m 40 et une profondeur de 0m 15 suffisent.

Il va sans dire qu'elles doivent être fermées en aval, tandis que les rigoles de fond, doivent l'être en amont. Ces dernières ont une pente double des premières, et une largeur qui va en augmentant contrairement à celle des porteuses qui ayant, à la naissance 0m 40, doivent n'avoir que 0m 30 en aval.

Ce système d'arrosage appliqué en grand, en Angleterre surtout, y est toujours en grande faveur.

On arrose en hiver, durant toute la gelée. Il en résulte que l'herbe ne gèle pas.

On commence l'arrosage en octobre, et quand la température est élevée eu égard à la saison, on n'arrose que la nuit. Si l'on ne pouvait pas disposer d'une assez grande quantité d'eau pour arroser nuit et jour pendant les gelées, il serait préférable de ne pas arroser du tout. On en comprend aisément la raison.

L'irrigation active la végétation, et si l'herbe n'est pas protégée, en croissant, par l'arrosage, pendant les gelées, elle périt inévitablement et la récolte est tout à fait compromise.

Les irrigations d'été, n'ayant pour effet que de combattre la sécheresse, on se règle, sur ce point, d'après les données que l'expérience fait acquérir; mais, après le fauchage, on arrose toujours comme nous l'avons déjà dit.

Quand l'on n'a pas à sa disposition, une quantité d'eau suffisante pour que le terrain à irriguer, puisse être pénétré jusqu'aux racines, il faut établir des réservoirs, afin de pouvoir faire une provision en rapport avec les besoins.

Il arrive souvent que des terrains peuvent être arrosés, sans être divisés en *ados*. Dans ce cas, les principes généraux étant les mêmes, je crois inutile d'entrer dans un détail particulier à cet égard.

Reste le troisième système, dit par infiltration, lequel consiste dans l'établissement de rigoles d'assez grande dimension, formant réservoir.

Ce mode d'arrosage s'applique aux prairies naturelles que l'on ne peut arroser par un autre moyen; mais, il est appliqué principalement aux prairies artificielles, aux terrains en culture, aux fonds arides, en friche, sur lesquels les eaux se répandant en nappes, s'évaporeraient promptement, après avoir raviné le sol.

Nous n'avons parlé, jusqu'à présent, que d'irrigations par dérivation qui comprennent les trois systèmes que nous avons développés, tant d'après les données de l'expérience que d'après les observations publiées à ce sujet par M. Bosc, géomètre en chef du Var, par M. Nadault de Buffon, et par les rédacteurs des annales vicinales. Nous avons toujours admis l'hypothèse d'un canal d'alimentation, d'une rivière, d'un cours d'eau quelconque longeant les terrains à irriguer, ou au moins situés à de très faibles distances; mais, il y a des cas où ni l'une ni l'autre de ces conditions, ne peuvent être remplies; il y en a d'autres où le plan des eaux d'une rivière, est trop en contrebas des terrains qu'elle longe ou qu'elle traverse, pour que l'on puisse avoir recours au système des barrages. Cependant, la nature du sol peut être telle qu'il sera improductif, tant qu'il ne sera pas irrigué.

Si nous raisonnions d'après les exemples malheureux que nous avons sous les yeux, nous pourrions penser que la circonstance que nous avons admise, paraîtrait toujours un obstacle insurmontable à la plupart de nos cultivateurs même les plus éclairés. Heureusement, des hommes d'énergie, d'une haute intelligence, ont résolu le problème, et, aujourd'hui, on peut dire qu'il n'existe de difficultés sérieuses, sur aucun point, à la réalisation du progrès que doit amener un bon système d'irrigation.

L'emploi d'une machine élévatoire, dû à M. de Pompry, à Ciry-Salsogne, dans le Soissonnais, a produit de tels résultats, que les préjugés nombreux et enracinés que les plus heureuses découvertes ont eu à combattre, tomberont bientôt, comme fond la glace à la chaleur du soleil.

Ce propriétaire a pu changer en prairie d'un excellent rapport, 110 hectares de terres sablonneuses, très légères, produisant de maigres récoltes de seigle et d'avoine, évaluées 1,200 fr. l'hectare, avant leur transformation en prairie.

La dépense, par hectare, s'est élevée, en moyenne, à 890^f, et le revenu net, après l'irrigation, était de 309 fr. 10. C'est donc un revenu certain de 34,000 fr. que s'est fait M. de Pompry, au moyen d'une dépense de 110,000 fr.

En ajoutant cette somme à la valeur du terrain, avant l'emploi de la machine hydraulique, on trouve que le produit représente plus de 14 °/₀ du capital.

Ce résultat devrait frapper les propriétaires de ces misérables prairies où les bestiaux dépérissent, où ne poussent que des laiches, des molinia, des joncs, et où l'on rencontre, en tout temps, de l'eau stagnante dont l'effet pernicieux se fait si malheureusement sentir sur les populations voisines, en ce que les exhalaisons qui en émanent, vicient l'air, à de grandes distances, et occasionnent de ces maladies qui causent de si terribles ravages.

Le congrès central d'agriculture, frappé des avantages que procurerait au pays, un bon système d'assèchement et d'irrigation, a émis les vœux suivants, dans sa séance du 15 avril dernier.

En ce qui concerne les dessèchements :

« Qu'une loi nouvelle autorise l'administration, à adopter des moyens » efficaces pour assurer le dessèchement des marais notoirement insa» lubres, soit au moyen de la participation forcée des propriétaires, » quand l'opération sera productive, soit, dans le cas contraire, en » appelant le concours des communes assainies, du département inté-

» ressé, ou enfin du trésor public ; et à l'égard des étangs notoirement » insalubres, que la législation existante soit appliquée plus efficacement, au point de vue de la salubrité. »

En ce qui concerne les irrigations :

« Que tout projet d'irrigation, dans un intérêt collectif, après l'accomplissement de toutes les formalités protectrices des droits des » tiers, puisse être déclaré d'intérêt public;

» Que les projets de dessèchements et d'irrigation de moins de » vingt hectares, au moyen des eaux provenant de rivières non-navigables ni flottables, puissent être autorisés par les Préfets, statuant » en conseil de préfecture, sur une seule enquête faite par un délégué » de l'administration ;

» Que, dans les réglements à intervenir, il soit fait une plus large » part à l'irrigation, dans la distribution des eaux entre les propriétaires des terrains irrigables, et les usiniers. »

C'est témoigner en hommes consciencieux, convaincus et intelligents, des bienfaits d'un ensemble de mesures d'une extrême simplicité, et que l'on s'étonne de voir encore à l'état de projet.

Ils ont bien mérité du pays, ces honorables citoyens qui ont indiqué résolument la voie à suivre, pour donner les moyens d'occuper un grand nombre de bras, avec la certitude de pouvoir rémunérer convenablement le travail, en faisant en même temps des bénéfices considérables, assurés, et sur lesquels aucune commotion politique n'exercerait d'influence bien sensible.

C'est là la solution d'un de ces problèmes qui intéressent essentiellement l'avenir de notre pays, admirablement doté par la providence de tout ce qui peut assurer le bonheur des populations qui l'habitent. Espérons que les efforts des hommes de bien auront, sous ce rapport, les résultats que nous appelons de tous nos vœux !

DRAINAGE.

Si l'eau que l'on emploie avec intelligence, et sans outrepasser les besoins de la végétation, produit toujours d'heureux résultats; si l'eau, en un mot, comme le dit M. Bosc, est en quelque sorte l'âme des plantes; si, par sa présence, elle vivifie nos vallées en purifiant l'air, soit directement, soit indirectement; si, enfin, il est reconnu partout, que les irrigations bien entendues procurent d'immenses bénéfices à l'agriculture, il est également constant que l'abondance de l'eau appauvrit la terre, et qu'un système d'irrigation appliqué, au hasard, peut produire des effets bien regrettables.

C'est, sans doute, ce qui est arrivé à quelques agriculteurs inexpérimentés, et c'est probablement parce que certains essais ont été malheureux, que, dans notre pays si admirablement doué sous le rapport des produits du sol, les irrigations prennent si peu de développement et ne trouvent d'application que de loin en loin et timidement, dans quelques contrées spéciales.

Mais, si l'eau gaspillée, employée sans discernement, expose à de graves mécomptes, les eaux stagnantes occasionnent des pertes incalculables à l'agriculture, et donnent lieu, ainsi que nous l'avons dit, à des maladies qui laissent de si pénibles souvenirs dans les agglomérations voisines des pays marécageux ou seulement humides, des vallées où le sol, trop peu accidenté, permet difficilement de se débarrasser de la surabondance des eaux qu'elles reçoivent de toutes parts. (1)

(1) M. Dumanoir, propriétaire à Forges, près Montereau, n'habitait son domaine qu'à l'époque de la chasse, tant il craignait l'effet des fièvres intermittentes qui désolaient les environs de sa propriété, avant le drainage exécuté d'après le système et sous la direction de M. Thackeray. Aujourd'hui, ces fièvres ont presque complètement disparu, grâces au drainage.

Dans une lettre écrite le 10 mai 1846, M. Dumanoir prouve qu'il rend pleinement justice aux efforts persévérants de l'habile ingénieur anglais, aussi savant que modeste et bienveillant.

J'ai dit, à cet égard, ce que je pensais des moyens que l'on peut employer pour neutraliser les pernicieux effets de la stagnation de l'eau dans les prairies ; mais à cela ne se borne pas seulement la tâche que je me suis imposée.

Si les vallées peuvent avoir à souffrir d'un excès d'humidité, les terrains ordinaires ne sont pas à l'abri de ce fâcheux inconvénient, et, sous ce rapport, la question, pour nous, offre une importance toute aussi grande que considérée au point de vue exclusif de la culture des prairies. Si nous devons nous préoccuper d'obtenir du terrain de nos vallées des produits meilleurs et plus abondants ; si, au point de vue hygiénique, la question s'élargit, il n'importe pas moins au pays, que les terres en labour, qui peuvent donner et céréales et mercuriales, en produisent beaucoup et de bonne qualité.

Cela admis, nous avons à examiner quelles sont les difficultés à vaincre, et quels sont les moyens de les aplanir pour atteindre ce but. Il ne faut pas perdre de vue qu'il s'agit exclusivement d'irrigations et d'assèchements.

Je n'ai rien dit qui pût s'appliquer spécialement à l'arrosage des terres en labour. Ce côté de la question, se rattache aux divers systèmes que j'ai exposés, et pour ceux qui les auront bien compris, il n'y aura qu'à procéder par voie d'induction ou d'analogie ; mais, il n'en est pas de même, quant à l'excès d'humidité qui rend improductives des étendues de terrain considérables. Sous ce rapport, la question a besoin de quelques développements.

L'excès d'humidité d'un terrain quelconque, peut être attribué à l'existence de nappes d'eau souterraines, à la nature du sol qui retient l'eau des pluies. Dans l'un et l'autre cas, cette trop grande humidité est nuisible aux plantes, funeste à la santé de l'homme et à celle des animaux utiles. Elle a pour effet, dit M. de Saint-Venant, « de produire des décom-
» positions à réaction acide, que développent certaines substances délé-
» tères, solides ou gazeuses, en troublant l'économie végétale, en pour-
» rissant les semences et les racines, ou en les déchaussant pendant les
» gelées, en refroidissant le sol ou le rendant incultivable au printemps
» et à l'automne, en le tassant de manière à le faire devenir dur,
» compacte et brûlant en été. »

« La théorie et la pratique, dit M. Payen, dans son rapport sur le drainage, au ministre de l'agriculture et du commerce, s'accordent » à reconnaître les graves inconvénients de ces eaux stagnantes dans le » sol, qui perdent leur oxigène, désagrègent les radicules des plantes » terrestres les plus usuelles ; tiennent dans l'inertie les composés » salins que recèlent les argiles, et excitent la végétation des plantes » impropres à la nourriture des hommes et des animaux. »

Une mesure, donc, qui doit avoir pour résultat d'obvier à ces graves inconvénients, ne peut être qu'extrêmement utile, ne peut être qualifiée autrement que ne le fait M. Payen qui l'appelle l'une des plus grandes améliorations contemporaines, et peut être l'une des plus grandes inventions de l'agriculture.

Cette mesure, c'est le drainage, mot anglais, lequel pris dans son acception la plus large, dit M. Amédée Pichot, comprend les opérations dont le but est de faciliter l'écoulement des eaux nuisibles qui pénètrent ou tendent à pénétrer le sol cultivable. Pour éviter des périphrases, on emploie le mot *drainer* et *drain*. Le premier signifie *égoutter* ; par le second, on entend la tranchée que l'on pratique pour assurer l'écoulement des eaux.

Nulle part, le drainage n'a été l'objet d'une plus grande sollicitude qu'en Angleterre. Depuis plus de soixante ans, on pratique le drainage en Ecosse, et d'admirables résultats ont été obtenus ; mais, ce n'est que depuis quelques années, que cette heureuse amélioration a été appliquée sur une grande échelle. C'est à M. Thackeray, que nous devons la première application, dans notre pays, du système qui a été reconnu le plus efficace par tous les agriculteurs.

La Belgique a suivi l'exemple de l'Angleterre, et bientôt, nous l'espérons, la France entrera plus largement dans une voie qui peut conduire à de si admirables succès.

Combiné avec les mesures que réclament impérieusement l'agriculture et l'industrie, sous le rapport des irrigations, le drainage doit avoir d'incalculables conséquences.

Si de tout ce que nous avons dit, il résulte que les eaux stagnantes sont nuisibles à la végétation, funestes à la santé de l'homme, personne n'ignore que l'on favorise la végétation, en élevant la température du sol.

La principale cause de la froideur des terres compactes est très certainement due, soit aux nappes souterraines qui se trouvent à une certaine profondeur, soit à l'eau des pluies dont la moitié seulement, évaluée à 0m 30 de hauteur environ, peut filtrer à travers un sol poreux, et qui reste en entier dans les terrains où elles sont retenues par l'argile du sous-sol, par des marnes vertes qui sont toujours fort humides et presqu'entièrement improductives.

Dans le premier cas, non-seulement la température des terres qui avoisinent la nappe d'eau, se met en équilibre avec celle de l'eau; mais, par suite de la capillarité, les couches supérieures se trouvent chargées d'un excès d'humidité dont elles ne se débarrassent que par évaporation. L'effet de la capillarité étant permanent, l'eau évaporée est remplacée par celle qui s'élève par la capillarité, de sorte que les terres restent constamment dans un degré de refroidissement qui neutralise la végétation.

Dans l'autre cas, les terrains qui réclament 0m 30 d'eau, ne s'en débarrassent non plus que par évaporation, et tant que cet effet se produit, la température ne s'élevant que lentement, la végétation n'a aucun stimulant énergique.

Si, au contraire, il n'existait pas de nappes souterraines, si les eaux pluviales pouvaient s'écouler en entier, tous les inconvénients que nous avons signalés disparaîtraient, la chaleur atmosphérique élèverait la température du sol et activerait la végétation.

Au moyen du drainage, on rend possible l'écoulement des eaux en tout temps, on rend au sol toute sa porosité. On comprend donc aisément de quelle importance est cette mesure, sous tous les rapports.

En Angleterre, on creuse des tranchées d'une profondeur qui varie de 0m 70 à 1m 30, suivant que l'on a des données plus ou moins exactes, sur la distance à laquelle se trouve la nappe souterraine, sur le degré d'humidité du terrain que l'on doit toujours chercher à soustraire à l'influence trop directe de l'évaporation, combinée avec celle de la capillarité.

On trace les *maîtres-drains* dans le sens de la pente générale du terrain, tous parallèles, avec un espacement qui varie de 5m à 10m.

Des tubes cylindriques en terre cuite, d'un diamètre, d'un pouce 1/2 anglais à 2 pouces, sont généralement adoptés pour les grandes longueurs. Les tubes destinés aux *drains d'écoulements* appelés *main-pipes*, ont un diamètre en rapport avec la quantité d'eau qu'ils sont appelés à recevoir.

Les tubes des longs *drains* sont le plus souvent posés bout à bout, par exception. On les relie généralement au moyen de *manchons* qui leur donnent plus de solidité.

Des machines, d'une construction fort remarquable, servent à la fabrication des tubes de toutes dimensions, que l'on emploie en Angleterre.

Celle qui semble préférable à M. Payen, est désignée sous le nom de machine à fabriquer les tubes de drainage, (*drain. tiles and pipes*) construite par John Davie, *Commercial-Road*, *Glascow*.

Elle peut servir également à fabriquer des tuiles et des carreaux.

Cette machine a reçu le premier prix, à l'exposition de la société d'agriculture d'Ecosse, le 1er août 1850.

M. Davie a construit deux modèles; le plus grand emploie la force d'un quart de cheval. Il s'adapte parfaitement à un moteur mécanique quelconque, et se transporte au moyen de quatre roues fixées sous les bâtis. Mue par le renvoi d'une machine à vapeur ou d'un manége, et servie par un homme et deux femmes ou deux enfants, elle peut confectionner de 10 à 12 mille tubes de 0,34 à 0,36 pouces de longueur, et de 0m05 de diamètre en dix heures. Son prix est de 875 francs.

Le plus petit modèle, mu à bras, (un homme et deux enfants) peut donner de 5 à 8,000 tubes, par jour. Le prix est de 200 fr. moins élevé que le premier.

Le mille de tubes de 0,34 à 0,36 coûte de 10 à 15 fr., et le drainage complet revient de 75 à 100 fr. l'acre.

On a constaté que, dans les circonstances ordinaires, la dépense totale est couverte par l'accroissement du produit net d'une seule récolte.

Le gouvernement anglais a prouvé l'intérêt qu'il attachait à cette importante opération, en ouvrant un crédit de 82 millions cinq cent mille francs, pour être mis à la disposition des propriétaires qui voudraient drainer leurs terres.

La première loi relative à ce crédit est du 28 août 1846; en voici le préambule : « Attendu que la production et la valeur de nombre de » terres, dans la Grande-Bretagne, sont susceptibles d'être augmentées » par le drainage, et que l'extension de ce procédé, est de nature à » développer avec efficacité le travail agricole, et qu'il tend aussi à » détourner les maladies, et à améliorer en général la santé des popu- » lations, etc. »

Par un nouvel acte du 4 mai 1849, spécialement applicable à l'Irlande, le parlement a ouvert un nouveau crédit de 7 millions cinq cent mille francs.

Les dépenses faites en Irlande seulement, au 31 décembre 1848, s'élevaient à 15 millions.

En présence de pareils faits, non-seulement toute espèce de doute cesse, mais encore on est saisi d'admiration pour une assemblée d'hommes assez intelligents, pour ne pas reculer devant des dépenses considérables, en vue principalement de favoriser l'agriculture et d'assainir le climat.

Le gouvernement belge a également encouragé l'application du drainage. Un ingénieur a reçu mission de visiter, en Angleterre, toutes les propriétés où les succès obtenus par cette mesure, ont permis d'en apprécier les avantages. A son retour, cet ingénieur a été attaché à la division de l'agriculture. Ensuite, il a été chargé de donner son concours gratuit à tous les cultivateurs qui viendraient s'adresser à lui pour faire exécuter des drainages sur leurs propriétés.

Pour propager, par la voie de la presse, la connaissance pratique du drainage, une traduction du *Manuel du draineur*, de l'anglais Stephens, a été fait sous les auspices du gouvernement.

On a ensuite importé d'Angleterre, en Belgique, plusieurs machines propres à la fabrication de tuyaux, et des assortiments d'outils de drainage.

Le Hainaut en possède 4, la Flandre occidentale 2, et le Brabant 2. Ces machines sont mises à la disposition des fabricants, qui doivent les entretenir en bon état, et s'engager à vendre les tuyaux de 0m.32, au prix maximum de 15 fr. le mille.

Le gouvernement a de plus accordé une avance de 3,000 fr. à un tuilier de Tubise, près Bruxelles, pour l'achat d'une machine de

Clayton, la même qui existe en France, à la ferme-école du Camp. Une autre est également installée à Andenne, près Namur. Ces machines qui font de 6 à 8 cents tuyaux à l'heure, permettent d'en abaisser le prix.

D'après une note de M. Mertens, grand propriétaire, près Namur, les tuyaux de 0m 33 à 0m 34 de longueur coûtent à Andenne, savoir :

Ceux de 0, 03 de diamètre,	pesant	950k	le mille	15 fr.	00
0, 05	»	1,100k	»	20	00
0, 06	»	1,300k	»	25	00
0, 12	»	7,200k	»	50	00

Les manchons pesant 450 à 600k se vendent 3, 4 et 6 fr. le mille.

La machine de Clayton revient aujourd'hui à 1,200 fr., rendue en France.

A l'aide de trois ouvriers et d'un enfant, elle confectionne 600 tuyaux de 0m 05, à l'heure, la terre étant préparée d'avance à l'état de pâte. Pour redresser les tuyaux, les enfourner, les défourner, les mettre en magasin, il faut deux ouvriers et trois enfants.

Partout, les mesures prises par le gouvernement belge ont été accueillies avec empressement.

Les *drains* parallèles sont établis suivant la ligne des plus grandes pentes. Ils aboutissent soit directement, soit par le moyen de *maîtres-drains*, dans les fossés qui portent les eaux hors du champ.

L'espacement des drains, varie suivant la nature du sol. Dans les terrains sablonneux il est de. . . . . 15m à 20m 00
dans les terrains tourbeux de. . . . . 11 à 14 00
argileux, mêlés de gravier et de pierres. . . . . 10 à 15 00
argileux purs . . . . 7 à 10 00
à sous-sol crayeux de. . . . . 8 à 11 00

La profondeur des tranchées varie de 1m à 1m 50.

Le diamètre des tuyaux est de 0,025 pour *drains ordinaires*, et de 0m 05 pour les *maîtres-drains*.

Les drains sont ouverts à la bêche, à raison de 0f,07 le mètre ; le placement des tuyaux à 0f,01 ; le recouvrement varie entre 0,005 et 0f,01, suivant la saison.

M. Leclerc a fait exécuter des tranchées de 1m 20 de profondeur, de 0m 40 de largeur à l'embouchure, et de 0m 07 de cuvette, à raison de 0m 20 le mètre cube de déblai, ce qui revient à 0 fr. 06 le mètre courant.

Ces prix sont beaucoup moins élevés qu'en Angleterre.

M. Claës, de Lembeck, a dépensé 506f,53 seulement pour le drainage de 3 hectares, soit 168f,84 l'hectare, sur une terre argileuse, siliceuse, homogène, très profonde, avec des pentes très convenables, aboutissant à une prairie. Les drains étaient espacés de 11 à 13m.

Voici le détail estimatif des travaux et des fournitures :

3,119m de rigoles de 1m 25 sur 0m 40 de largeur à l'ouverture et 0m 07 au fond, à raison de 0m 07, l'un ci.	218 fr.	33
7,800 tuyaux de 0m 025 à 19 fr. le mille	148	20
1,700 » de 0m 06 à 25 fr. le mille.	42	50
500 » de 0m 08 à 35 fr. le mille.	17	50
Transport et frais divers.	80	00
Total égal. . . .	506 fr.	53

M. Mertens, qui a drainé 45 hectares, estime qu'avec des drains espacés de 10m, une somme de 120 fr. suffirait; en les espaçant de 15m, cette somme se trouverait réduite à 80 francs.

M. Lefour, au rapport duquel nous empruntons ces détails, pense que si les propriétaires belges ont pu faire exécuter des drainages à si bon marché, c'est qu'ils ont choisi, pour faire leurs premiers essais, les terrains les plus favorables au drainage.

Nous n'admettons pas cette opinion sans réserve. En France, nous pourrons faire du drainage aux mêmes conditions.

Si l'on ne peut nier que les divers systèmes d'irrigation en faveur dans un grand nombre de contrées de l'Europe, ont pris jusqu'à présent très peu de développement en France, il est tout aussi incontestable que le drainage, ne se pratiquant naguère que comme mesure d'exception, n'est encore appliqué que dans des proportions très restreintes.

Le gouvernement, cependant, jaloux de faire profiter notre pays de l'expérience de nos voisins, a chargé M. Payen, de l'Institut, et M. Lefour, inspecteur-général de l'agriculture, de visiter l'Angleterre et la Belgique pour étudier les divers modes de drainage essayés dans ces deux pays. M. Faure a traduit le traité de M. Stephens, sous les auspices de l'administration, aux frais de l'État. Des expériences ont été faites en avril dernier, au Conservatoire, et la machine Thackeray, petit modèle, construite par M. Laurent, ingénieur civil, qui s'occupe spécialement de la confection d'instruments aratoires, a permis d'obtenir, à l'heure, 677 tuyaux de 0^{m}034 et de 0,025 de diamètre intérieur, complètement terminés, tandis que celle de Clayton, n'en a produit que 581, et encore étaient-ils incomplets, en ce qu'il fallait leur donner, une fois sortis de la machine, une forme cylindrique.

La grande machine Thackeray, permettrait de faire au moins 900 tuyaux à l'heure, à la condition d'employer trois hommes, au lieu d'un homme et de deux enfants qui suffisent pour la petite.

Le prix de la grande machine est de 1,000 fr.; celui de la petite de 600 fr. seulement.

Le gouvernement a chargé M. Gareau, conseiller général de Seine-et-Marne, demeurant à Bréau, qui s'est beaucoup occupé de drainage, de faire des expériences à l'Institut national agronomique de Versailles.

On a commencé par la ferme de la ménagerie, où 4 hectares de prairie, qui semblaient de la plus mauvaise nature, ont été drainés dernièrement.

Ces terrains, que j'ai visités et qui sont aujourd'hui dans un état de siccité satisfaisant, étaient tellement humides, avant le drainage, que, non-seulement, il était impossible de les traverser avec une voiture, si légère qu'elle fût, mais que les bestiaux ne pouvaient y paître.

L'étendue de prairie drainée forme deux plans inclinés. Les drains ordinaires prennent naissance de chaque côté de la ligne de faîte ou du point de partage, et vont faire jonction avec un drain conducteur qui se décharge dans le rû dit du magasin.

Le terrain étant d'une nature siliceuse-sablonneuse, on a pu donner 15^{m} d'espacement aux drains ordinaires. Les deux plans sont d'ailleurs fortement inclinés, circonstance qui facilite l'écoulement de l'eau, et, puis, le rû du magasin a été creusé autant que l'a permis le radier du pont établi en travers de la route nationale de Saint-Cyr à Versailles.

Le nombre total des drains ordinaires est de 27; la profondeur des tranchées est de 1^{m}30. Les deux plans étant opposés, il y a deux fossés d'écoulement et, par conséquent, deux systèmes de drains, absolument indépendants l'un de l'autre.

A Satory, les drains ordinaires n'ont qu'un mètre de profondeur. Il y en a 19 amenant les eaux dans un maître-drain qui se décharge dans un fossé d'écoulement ouvert, à cet effet, entre deux ramées.

Comme la pente du terrain est faible et que le sol est composé d'argile-siliceuse avec mélange de fragments de meulière, les drains sont espacés de 10^{m} seulement. Ils ont une longueur totale de 86^{m}.

L'étendue du terrain drainé, à titre d'essai, est de 2 hectares.

Le prix de revient, que M. Souhart, directeur des études à l'Institut, a bien voulu me faire connaître, s'est élevé à 275 fr. l'hectare. C'est très cher, et, si l'opération se faisait en grand, on verrait très certainement cette dépense descendre à une moyenne de 160 francs.

Des ouvriers à la tâche, que j'ai vus sur les lieux, reçoivent 0 fr. 13 du mètre courant, pour creuser et remplir les drains. Ceux qui se trouvent au compte de l'adjudicataire, préparent les drains pour le placement des tuyaux avec des outils faits exprès (1), placent les tuyaux, les recouvrent légèrement et tassent la terre au-dessus.

En évaluant ces travaux à 0,02, on aurait pour la main-d'œuvre seulement, à Satory à 0,15 par mètre courant, et comme il y a 1,850^{m} courants de drains ce serait une dépense de. . . . . 277 fr. 50

6,000^{m} de tuyaux, pris à Paris (0,025 de diamètre sur 0,34 de longueur et pesant ensemble 3,750^{k}), à 15 fr. le millier ci.	75	00
600 tuyaux pour le drain principal (de 0,06 sur 0,08 pesant je crois ensemble 1250^{k}, à 26 fr. le millier, ci.	15	60
Transport de 4,500^{k} de Paris à Versailles, ci . . .	22	50
30^{m} de fragments de meulière extraits dans les drains 1,25, l'un ci.	37	50
Fragmens de tuile et frais divers	74	50
Total. . . .	502^{f}	60

(1) Voir les modèles, planche 1re.

Ce serait 251f 30 par hectare; mais, comme on peut faire les drains à 0,10 le mètre courant, tout compris, dans les terrains ordinaires, il y aurait à déduire 92f,50 pour deux hectares, soit 46f,50 l'un, ce qui réduirait le prix total à 205f,30, lequel se rapproche de la moyenne que j'ai indiquée, et de la dépense faite par M. Claës, de Lembeck.

M. Gibert, receveur-général du département de l'Oise, a fait drainer tout récemment, dans son jardin, à Frocourt, un hectare de terrain dont l'humidité était telle que des arbres plantés depuis 20 ans, n'ont fait, jusqu'à présent, aucune espèce de progrès.

Il a employé 3,000 tuyaux cylindriques de 0,05, et 600 elliptiques de 0,06 sur 0,08, ce qui lui a coûté à Paris, ci. . . .	72 fr.	00
il a payé pour transport (1)	50	00
Les drains ordinaires de 1m 16 ont été creusés à raison de 0,22 le mètre y compris le placement des tuyaux, ce qui pour un développement total de 1,142m donne	251	24
Total.	373 fr.	24

Il est essentiel de remarquer que cette dépense s'est trouvée considérablement augmentée par cette circonstance que l'on a placé des cailloux silex au-dessus des conduits. Si l'on se fût borné à l'ouverture et au remplissage des fossés purement et simplement, M. Foucault, jardinier de M. Gibert, homme fort intelligent, qui a dirigé l'opération, nous a assuré que le prix de revient ne se fût pas élevé à plus de 0f,07 le mètre courant. En y ajoutant 0,02 au plus pour placement des tuyaux et remplissage, on n'aurait atteint que le chiffre de 0,09 par mètre courant, et la dépense ne se serait élevée qu'à 224f,78.

Si ce système était appliqué sur une grande échelle, dans notre pays où il y a de nombreux tuiliers expérimentés, on pourrait faire descendre le prix des tuyaux de 0m05 de diamètre extérieur, à 10 fr. le millier; celui des tuyaux de 0m 08, à 20 fr. au plus, ce qui réduirait de beaucoup la dépense qui dépasserait rarement 190 fr. par hectare, en admettant même des distances de 8m seulement, entre les drains.

(1) Ces tuyaux ont été pris, à Paris, chez MM. Armitage et Gastellier, rue des Fourneaux, 11.

En les supposant espacés de 15^m, comme à la ferme de la ménagerie, à Versailles, le prix de revient ne serait plus que de 120 fr.

Au reste, il est facile de comprendre qu'il peut se présenter des circonstances où la dépense excéderait toutes les prévisions. Si, par exemple, il y avait des obstacles au creusement des rigoles, tels que des pierres en grande quantité, la main-d'œuvre augmenterait dans une assez forte proportion. Si, pour assurer l'écoulement des eaux, il devenait indispensable d'établir un fossé d'une grande longueur et d'une profondeur de 1^m,40, il est évident que le prix de revient dépasserait la moyenne résultant des calculs faits jusqu'à présent par les draineurs. Mais, même en admettant les plus grandes difficultés, l'opération offrirait toujours des avantages tels qu'en trois années au plus, on rentrerait généralement dans ses avances.

Voilà ce que permettent d'affirmer toutes les expériences faites jusqu'à présent.

On dit, pour repousser le reproche adressé à la plupart de nos agriculteurs, que si, en Belgique, si, en Ecosse et en Irlande, le drainage produit quelques résultats, il n'y a pas à s'en étonner, parce que le sol de ces différents pays, est presque partout d'une humidité excessive; on ajoute qu'en France il n'en serait jamais ainsi, par la raison que le terrain est généralement dans de très bonnes conditions, sous le rapport de l'état du sol.

J'ai regretté de voir toujours la même résistance à la réalisation des améliorations obtenues par nos voisins dont nous attendons fatalement le signal pour nous ébranler. J'ai combattu cette malheureuse tendance que je ne qualifierai pas de scepticisme, mais que j'appellerai apathie, son véritable nom. J'ai rencontré des gens que je n'ai pu convaincre, j'en ai trouvé qui me suivront bientôt dans la voie que je leur ai montrée.

Il est hors de doute qu'en général nos terrains sont plus secs que le sol d'une partie des îles Britanniques et même de la Belgique; mais, est-ce à dire que les mesures d'assainissement, sont inutiles ou qu'elles seraient peu profitables en France? Si on en tirait cette conséquence, on serait dans une étrange erreur.

Pour qui, comme moi, parcourt souvent la campagne, il y a conviction que plus de la moitié de nos terres souffrent d'un excès d'humidité.

Que l'on interroge, d'ailleurs, quelques cultivateurs d'élite, et l'on apprendra d'eux que, dans leurs terres, il existe des marques certaines qu'elles renferment beaucoup d'eau.

Si, donc, le drainage ne doit pas rapporter à notre pays, des avantages aussi considérables qu'en Irlande, par exemple, où cette mesure est appliquée sur une vaste échelle, on peut dire que les irrigations, le reboisement, les assèchements et le drainage doubleront notre richesse agricole, en nous donnant en même temps les moyens de sortir des ornières du passé, et d'offrir un vif stimulant à toutes les intelligences qui ne se tourneraient pas exclusivement vers les carrières libérales ou administratives, encombrées à tel point que bien des jeunes gens se lancent dans de folles et malheureuses entreprises, parce que toutes les portes leur sont fermées.

Nous aurions, en outre, je ne cesserai de le répéter, des moyens d'occuper un grand nombre de bras, de refouler dans les campagnes, les ouvriers qui encombrent les villes, où les exemples de débauche et de dépravation sont plus fréquents que partout ailleurs.

Ce sont là des considérations bien puissantes et qui doivent suffire pour déterminer tous les hommes de bien à marcher résolument dans une voie qui conduirait certainement à de tels résultats; mais, il y a encore autre chose, puisqu'en obtenant ces résultats, on augmente considérablement la richesse agricole du pays.

Si, en Ecosse, ainsi que le dit M. Thackeray, dans l'un de ses ouvrages, le drainage d'un champ d'une contenance de 7 hectares 28 ares qui a coûté 2,484 fr., a permis d'élever à 160 fr. le prix de l'hectare, loué avant le drainage 37 fr. seulement; si, dans un autre cas, 80 ares de terrain faisant partie d'une pièce d'une étendue double ont produit 1,125 fr. après le drainage, tandis que le reste n'a donné qu'une récolte de 650 fr., j'ai acquis la preuve que dans un grand nombre de circonstances, on pourrait toujours se couvrir des frais, en deux années au plus.

J'ai cité la ferme de la Ménagerie à Versailles où très certainement, il y aura à constater des résultats fort remarquables. J'ai vu, à Linas, près Montlhéry, dans la propriété de M. Watter, un exemple qui ne permet pas de concevoir le moindre doute sur l'importance du drainage; mais j'ai, en outre, des preuves écrites de la main d'un homme d'une grande intelligence, qui habite Valognes, et qui s'occupe du drainage, depuis dix ans au moins. (1)

(1) Voici la lettre que cet honorable citoyen m'a fait l'honneur de m'écrire, le 9 mai dernier.

« Je réponds avec plaisir à la lettre que vous m'avez adressée, le 29 avril dernier, pour me demander des renseignements sur les moyens que j'ai employés pour égoutter des terres humides.

» Ces moyens sont tout simplement un drainage avec fascines. Drainer ne veut pas dire autre chose qu'*égoutter par des saignées*.

» Il y a bien des manières de faire les saignées et de les maintenir perméables à l'eau. La plus parfaite de ces manières est d'y employer des tuyaux de poterie, et de donner une grande profondeur aux tranchées; mais, j'ai trouvé ces deux conditions trop dispendieuses; au lieu de poteries, j'ai mis des fascines au fond de mes drains, et je me suis contenté de la profondeur de 0,70 à 0,80.

» L'essentiel est de faire les drains le plus étroits possibles: je tâche de ne leur donner au fond que 4 à 5 centimètres de largeur. L'eau réunie en un seul filet, y coule avec plus de force que si elle se répandait en nappe dans une largeur plus grande.

» Pour parvenir à faire économiquement une aussi étroite coupure, il faut des outils spéciaux, mais fort simples: une petite bêche extrêmement étroite, assez longue et bien renforcée, et une espèce de pelle creuse ou cuillère allongée, aussi étroite, emmanchée de manière à être maniée, comme un rateau, pour bien curer le fond du drain. Ces deux outils sont peu coûteux; mon maréchal me les fait pour 10 fr. sur un modèle que j'ai reçu d'Angleterre.

» On n'emploie ces outils, que pour la partie inférieure de la tranchée, c'est-à-dire pour les 25 ou 30 centimètres du fond qui doivent être remplis de fascines. L'ouverture, qui doit être remplie, du terrain au-dessus de ces 25 ou 30 centimètres, se fait avec des bêches ordinaires, et même à la charrue, dans une largeur arbitraire que je fais ordinairement de 0,30 pour que l'ouvrier puisse y marcher.

(Voir pour la coupe de cet ouvrage, pl. no 2.)

» La fascine se fait avec des menus branchages de n'importe quel bois; quand elle est détruite, la terre se trouve prise en voute au-dessus; c'est encore là un avantage capital de faire la coupure fort étroite.

» La grosseur de la fascine doit être telle qu'elle n'entre que de force dans cette

Cependant, le système de M. Gallemand, ainsi qu'il le dit lui-même, n'est ni aussi parfait que celui qui consiste dans l'emploi de tuyaux de conduite, ni, par conséquent, aussi efficace.

Pour donner une idée des effets du drainage dans les herbages, il me suffira de citer textuellement les paroles de M. Boitel, dont j'ai déjà eu occasion de parler.

« Afin, dit-il, dans la revue encyclopédique du congrès central d'agriculture, de mieux juger des effets ultérieurs du drainage, » nous avons fait l'inventaire des espèces de plantes qui composent le » pâturage actuel des marécages des fermes de l'Institut. Non-seule» ment, nous avons noté ces plantes, mais nous en avons déterminé les » proportions respectives que nous avons indiquées par un chiffre. » L'espèce la plus commune a le n° 6. Le chiffre diminue à mesure » que l'espèce devient plus rare. Parmi les natures diverses des terres » drainées, nous avons fait nos observations de préférence sur les » marnes vertes qui sont les plus humides et les plus incultivables.

petite tranchée. Avant de remplir l'ouverture du dessus, on met sur la fascine une petite couche de paille, des joncs ou des genets destinés à empêcher la terre fine d'engorger le creux.

» Quant à la disposition des drains, on étudie le terrain pendant la saison humide; après avoir marqué les places mouillantes, on trace des lignes principales suivant la plus grande pente pour former des maîtres-drains dans lesquels on fait aboutir obliquement les drains secondaires.

» Les maîtres-drains peuvent être espacés à 60 ou 80^{m}; les secondaires à environ 5 mètres. (Voir la figure n° 3.)

» Quant aux résultats, je m'en trouve parfaitement bien, tant dans les terres en labour que dans les herbages. J'obtiens de bonnes récoltes sur des parties qui étaient presqu'improductives, et la première récolte seule couvre bien des frais.

» Pour le prix de revient, je ne puis pas l'établir. Les fascines ne me coûtent presque rien; ce sont des branches traînantes de taillis, qui, autrement, seraient perdues; la main-d'œuvre, que je fais faire à journées, est extrêmement variable, suivant qu'il y a ou non, peu ou beaucoup de pierres dans le sol. Je puis seulement dire que cet ouvrage se fait très expéditivement et ne coûte pas cher.

» Tels sont, Monsieur, les renseignements que je puis vous donner sur cette opération pour laquelle je me suis attaché à ce qui m'a paru simple, économique et efficace. »

» La végétation spontanée de ces marnes vertes se composait avant
» le drainage des espèces suivantes :

Proportion.	NOMS LATINS DES ESPÈCES.	NOMS FRANÇAIS.
6	Juncus communis.	Jonc commun . . . .
5	Plantago lanceolata	Plantain lanceolé. . . . . . .
4	Colchicum autumnale	Colchique d'automne.. . . . .
3	Equisetum arvense.	Prèle, queue de cheval, coude. .
3	Ranunculus acris, bulbosus. . .	Renoncules diverses. . . . . .
3	Carex uparia.	Laiche.. . . . .
3	Hypericum tetrapterum.	Millepertuis des marais. . . . .
2	Ajuga genevensis	Bugle. . . . .
2	Cirsium palustre..	Chardon des marais . . . . . .
2	Cardamine pratensis.	Cresson fleuri.. . . . .
2	Agrimonia eupatoria. , ...	Aigremoine. . . . .
1	Valeriana dioïca	Valériane dioïque. . . . . . .
1	Caltha palustris.	Populage des Marais. . . . . .
1	Rumex acetora, crispus.. . . .	Oseille ordinaire, crépue. . . .
1/15	Trifolium pratense, repens . . .	Trèfle ordinaire, blanc. . . . .
1/20	Orchis latifolia	Orchis à larges feuilles. . . . .
1/40	Anthoxanthum odoratum.. . . .	Flouve odorante . . . .

» La flouve odorante et les trèfles sont les seules plantes que les
» animaux mangent avec plaisir. On voit dans quelles faibles pro-
» portions, elles entrent dans la composition de ces pâturages humides.
» Les autres espèces sont presque toutes mauvaises et sont caracté-
» ristiques pour les terres humides.

» Le colchique d'automne, est connu de tout le monde; de loin, ses
» feuilles ressemblent à celles d'un gros poreau. Les fleurs d'un lilas
» tendre, longues d'environ un décimètre, apparaissent en automne,
» après la destruction des feuilles. Son fruit passe l'hiver en terre; au
» printemps, le support du fruit s'allonge et sort de terre, entouré de
» feuilles larges et dressées. Le colchique est une plante très vénéneuse
» que les animaux se gardent bien de pâturer. Ils ne la mangent
» qu'à l'étable lorsqu'elle leur est servie, avec d'autres plantes; il en faut
» une très petite quantité pour les empoisonner et les faire mourir.

» Cette mauvaise plante est très commune dans les prairies hu-
» mides; elle est dangereuse et tient la place de beaucoup d'autres
» plantes qui seraient alimentaires. Pour la détruire, il suffirait d'en
» extraire les bulbes ou ognons, et d'empêcher ses graines de mûrir
» et de se disséminer sur la prairie.

» Les bulbes se trouvant à environ 25 centimètres de profondeur,
» seraient d'une extraction difficile et coûteuse; mais ces frais seraient
» bientôt compensés par les avantages d'une végétation meilleure et
» plus abondante.

» Le colchique d'automne, si commun dans les prairies argileuses
» et humides, est un indice certain de l'utilité du drainage. Il en est
» de même des joncs, des prêles, des renoncules, des laiches, du po-
» pulage et des oseilles. Ces plantes se plaisent dans l'humidité; il est
» clair qu'en assainissant le terrain, elles languiront, périront et
» seront remplacées par des espèces de meilleure qualité. C'est par
» l'assainissement et mieux encore par le drainage dont les effets sont
» plus énergiques, que l'on parviendra à obtenir cette heureuse trans-
» formation. »

En présence de pareils faits, on ne saurait conserver le moindre doute sur les résultats que doit amener le drainage exécuté d'une manière intelligente. Beaucoup de fermiers anglais, en possession de longs baux, qui ont fait eux-mêmes les frais de cette opération, ont obtenu des produits qui leur ont permis de rentrer en peu d'années, dans leurs déboursés.

Il nous reste à examiner les arguments de ceux qui, comme M. Gallemand, croient qu'une profondeur de 0^m70 à 0,80 suffit pour égoutter complètement les terrains humides, et ceux qui recommandent de creuser les drains à $1^m 30$.

La plupart des partisans de tranchées peu profondes, prétendent que le drainage à 1^m30 rend la terre trop sèche. Ce n'est pas là une raison sérieuse, parce que la végétation n'est brûlée qu'eu égard à ce que les racines sont très superficielles, et qu'elles ne sont superficielles que parce que la végétation est neutralisée par l'effet des eaux stagnantes qui produisent le froid. Or, comme les drains profonds enlèvent l'eau et par conséquent le froid, c'est-à-dire, la cause et l'effet, les racines pouvant s'étendre dans les terres drainées, ne seront jamais brûlées.

On cite, en faveur du drainage profond, l'autorité pratique de feu sir Robert Peel qui, d'abord, s'était montré partisan du drainage superficiel, et qui a fini par adopter le système de tranchées profondes, avec tuyaux reliés par des manchons. Dans le cours des six ou sept dernières années de sa vie, il a drainé 1250 hectares de terre, dans les comtés de Warwik, Stafford et Lancaster, presque tout à la demande de ses fermiers.

Tout le monde a pu remarquer, dit le journal intitulé : *Quarterly Review*, que, à quelques exceptions près, les sols poreux sont fertiles et les sols très compactes, stériles; mais, on ne comprend pas aussi bien que, si l'épuisement de l'eau nuisible à la végétation ou aux travaux agricoles, est l'effet immédiat du drainage, le principal avantage de cette opération, est de réchauffer et d'aérer les sols compactes.

Pour ce qui est de la chaleur, nous avons déjà examiné la question, à ce point de vue. On sait, d'ailleurs, que l'évaporation de l'eau produit le froid; qu'elle rafraîchit le vin ; que, dans les climats chauds, elle forme la glace; mais, il est difficile de déterminer exactement le degré de refroidissement causé par une quantité d'eau donnée. Toutefois, il est à peu près certain que, si l'évaporation d'un litre d'eau, abaisse de 10°, la température de 50^k de terre, ou, en d'autres termes que, si la pluie pénètre dans la proportion de 500 grammes par 50^k de terre, dans un sol compacte saturé d'eau d'attraction, et s'en dégage ensuite par évaporation, elle abaissera de 10° la température de ce sol.

On sait que, pendant six ou sept mois de l'année, l'air descend, quelquefois, à la surface du sol, au-dessous de 9°, et comme on a trouvé que celle de la terre, à la profondeur des drains ordinaires, est de 9° environ, il peut arriver que des terrains drainés soient plus froids, en hiver, que des terrains non-drainés; mais, quand la température, à la surface du sol, est de 20° à 30° et même à 40°, on comprend aisément quel effet doit produire une pluie d'orage, sur des terres compactes, drainées à une profondeur telle que le froid de l'évaporation, n'exerce plus qu'une influence à peu près nulle. Or, comme, en accordant 0^m 50, à l'attraction capillaire, il resterait encore, avec des drains de 1^m 33, 0^{m}83 de défense, contre l'évaporation, on n'aurait à craindre aucun des inconvénients qui résultent de l'action combinée de l'attraction capillaire et de l'évaporation.

Tout autre système de drains, ne présente donc autant de garanties que celui que fait appliquer aujourd'hui la compagnie anglaise, sous la direction intelligente et dévouée de M. Thackeray.

Toutefois, il ne faut pas perdre de vue que ces principes, appliqués d'une manière absolue, sans se préoccuper, avec le plus grand soin, de la nature particulière des terrains à drainer, donneraient lieu à de fâcheux mécomptes.

Il faut adopter le système, sans hésiter; mais on doit en modifier l'application suivant les circonstances dans lesquelles on peut se trouver.

Le drainage profond, dans des terres perméables, est toujours indispensable; mais, quand le sous-sol est d'une nature à retenir l'eau, à ne pouvoir s'en débarrasser que par évaporation, il faut se borner à donner aux drains, une profondeur de quelques centimètres de plus que l'épaisseur de la couche perméable.

Il est facile de se rendre compte des raisons qui font une loi d'agir ainsi.

En effet, ni la capillarité, ni l'évaporation n'ayant d'effet bien sensible sur un sous-sol imperméable, quand il n'existe pas de nappes d'eau souterraines à une profondeur de un à un mètre trente centimètres, une tranchée profonde n'offrirait aucun des avantages qu'elle présenterait dans d'autres circonstances.

C'est donc au draineur à étudier la question, dans chaque cas particulier, sur les lieux mêmes, et à ne se décider que d'après le résultat des sondes faites sous ses yeux. Mais, ce que l'on peut dire, en toute assurance, c'est que la limite minima pour les drains ordinaires, paraît devoir être généralement de $0^{m},70$, et qu'il n'est presque jamais nécessaire d'aller au-delà de $1^{m},30$.

Pour les drains collecteurs, il va sans dire que, dans l'un et l'autre cas, les tranchées doivent être plus profondes.

Si ce qui concerne l'aérage des terrains drainés, est moins facile à saisir, dit encore la revue que nous avons citée, que ce qui a rapport à l'élévation de la température du sol, il n'en est pas moins évident, pour celui qui s'occupe d'agriculture et d'horticulture, que l'air frais et l'eau fraîche exercent une très grande influence sur la fertilité du sol.

Il est permis de supposer, en effet, que de même que l'air stagnant cesse de soutenir la vie de l'homme et des animaux, de même l'eau et l'air stagnants peuvent cesser de fournir les éléments nécessaires à la végétation.

Si, cette année, nos cultivateurs n'ont pu faire en temps convenable, les semailles de mars, et que, par suite, la récolte en avoine, ne doive pas être abondante, il arrive fréquemment, dans les contrées surtout où le sol est compacte, que l'on éprouve les plus grandes appréhensions sur la récolte du froment. Dans cette conjoncture, c'est pour le fermier une angoisse inexprimable que de se voir exposé à ne pouvoir tirer aucun parti des sacrifices faits par lui, en Normandie principalement, pour bien disposer son terrain, en vue d'avoir une belle récolte de l'espèce de blé qui se vend le plus facilement et à de meilleurs prix, qui lui permet seule, la plupart du temps, de payer son propriétaire et les frais accessoires de son exploitation.

Ce qui lui arrive en hiver, se renouvelle au moment où doivent se faire les semailles d'orge et de sarrazin.

Les terres saturées d'eau pendant la mauvaise saison, présentent presque toujours, pour être bien préparées, des difficultés qui ne peuvent être appréciées que par les cultivateurs eux-mêmes.

Le drainage simplifie tout; le drainage, qui n'expose à aucun mécompte, donne à l'agriculture les moyens de combattre l'influence des grandes pluies d'hiver et des chaleurs brûlantes de l'été. Mais, il ne faut pas perdre de vue que cette opération, toujours efficace, quand elle est faite avec intelligence, peut bien n'avoir aucun résultat, si elle est exécutée sans précaution, sans que l'on ait mûrement examiné la nature du terrrain que l'on veut drainer, les moyens d'écoulement que l'on peut employer.

Le congrès central d'agriculture dont j'ai déjà parlé, a été si bien pénétré de l'importance du drainage, opération dans laquelle il a vu un avenir heureux pour l'agriculture, qu'il a émis le vœu que « non-seulement l'attention du gouvernement, soit appelée de nouveau sur une » amélioration d'une si grande utilité, mais encore, qu'afin de la rendre

» possible, les plaines soient traversées par de larges fossés communaux
» qui puissent servir pour l'écoulement des eaux provenant du drai-
» nage. »

Je ne sais quel sera, dans l'avenir, le résultat des efforts que je tente dans le but de propager ce système d'assèchement ; mais, il y a une foi telle en moi, que je consacrerai tous les instants dont il me sera permis de disposer, pour populariser les méthodes que j'ai pu juger et qui ont parfaitement réussi jusqu'à présent.

M. Herbé, de l'Huyère, commune de La Chapelle-aux-Pots, arrondissement de Beauvais, cultivateur plein d'intelligence, et qui a déjà amélioré notablement sa ferme, a accueilli avec empressement, la proposition que je lui ai faite, d'essayer le drainage dans un de ses herbages. J'ai la ferme conviction que notre tentative, ne pouvant avoir qu'un excellent résultat, M. Herbé n'hésitera pas à faire les dépenses nécessaires au drainage d'environ cinquante hectares de terrain, qui qui sont presque improductifs, eu égard à l'état l'humidité permanente dans lequel ils se trouvent.

M. Léger, ancien maire d'Onsembray, voisin de M. Herbé, a consenti également à essayer le drainage.

Si, pour M. Herbé, cette opération peut produire un revenu de plus de 1,000 fr., à la condition de dépenser de 8 à 10,000 fr. seulement, M. Léger n'en retirera pas moins de 300 °|₀ de bénéfice.

Persuadé que je ne n'atteindrais le but que je me propose, qu'en provoquant la formation d'une société de drainage, j'ai préparé un projet d'association, que j'ai dû soumettre à l'examen du préfet de l'Oise, sous les ordres duquel je me trouve placé.

Ce magistrat m'ayant autorisé à faire les démarches nécessaires, je m'adresserai à toutes les personnes que je sais dans une position à pouvoir disposer d'une certaine somme, et à même d'apprécier les conséquences que doit avoir dans notre pays, cette importante opération.

Voici en quels termes est conçu mon projet d'association :

ASSOCIATION AGRICOLE DE DRAINAGE.

ART. 1er.

Il est formé, sous le nom d'association agricole de drainage, pour le département de l'Oise, une société ayant pour but de propager les méthodes employées pour l'assainissement des terrains humides, et de procurer de l'ouvrage aux ouvriers qui viendraient à se trouver inoccupés pendant la mauvaise saison.

ART. 2.

Cette société se compose :

1° De membres fondateurs ;

Cette dénomination comprend les membres qui prendront l'engagement, avant le 1er janvier 1852, de verser, sous les conditions indiquées ci-après, à l'article 11, une somme de deux cents francs dans la caisse de la société ;

2° De souscripteurs ;

Sous ce titre, sont désignées les personnes qui consentiraient à faire partie de la société, en versant une somme de cinquante francs, aux mêmes conditions.

ART. 3.

Le conseil d'administration se compose de sept membres fondateurs,

Savoir : Un président,
Un vice-président,
Un secrétaire,
Un trésorier,
Un inspecteur,
Et deux adjoints.

Art. 4.

Tout ce qui concerne l'administration et la comptabilité des finances, est dans les attributions exclusives du conseil d'administration, qui ne pourra jamais dépenser au-delà du quart des fonds de l'association, sans y avoir été autorisé en assemblée générale.

Art. 5.

Tous les membres du conseil d'administration, sont élus pour trois ans. Ils seront renouvelés, par tiers, et seront toujours rééligibles.

Les membres sortants seront désignés par le sort.

L'élection aura toujours lieu au scrutin secret, et à la majorité absolue.

Les membres souscripteurs ne pourront concourir à l'élection des membres du conseil d'administration, qu'autant qu'ils seront porteurs d'un ou de plusieurs coupons d'action, d'une valeur de 200 francs.

Art. 6.

Le conseil d'administration commissionnera les employés qui seront nécessaires à l'association, et qui ne pourront être choisis que parmi les candidats qui auront été déclarés admissibles, par suite d'un concours public, où ils auront à répondre à une série de questions indiquées d'avance, dans un programme arrêté par le conseil d'administration.

Le conseil d'examen sera composé :

1° Du président;

2° Du secrétaire;

3° De deux membres fondateurs désignés par le sort;

4° D'un cultivateur pris parmi les souscripteurs.

Art. 7.

Le conseil se réunira dans le local qui sera désigné ultérieurement, sur la convocation du président. Pour délibérer valablement, le nombre des membres devra être de cinq au moins.

Dans le cas où il serait de six, la voix du président serait prépondérante.

ART. 8.

Le trésorier tiendra la comptabilité des dépenses et des recettes. Il pourra s'adjoindre un commis aux écritures qui recevra, soit une indemnité, soit un salaire fixe, suivant que les travaux de l'association prendront plus ou moins d'extension.

ART. 9.

Il ne devra jamais y avoir plus de cent francs dans la caisse de l'association. Les versements des fondateurs et des souscripteurs, seront placés à la caisse d'épargnes et employés en achat de rentes sur l'Etat, quand le chiffre dépassera le montant des dépôts que peut recevoir la caisse d'épargnes.

ART. 10.

Tout remboursement devra être autorisé par le président du conseil d'administration, de même qu'il devra s'assurer, chaque mois, de la situation de la caisse de l'association.

ART. 11.

Toute personne qui souscrira pour 200 fr. ne sera tenue qu'au versement immédiat de 40 fr., de même que tout souscripteur pour une somme quelconque, ne sera tenu de verser, en numéraire, que 20 °/o de sa souscription.

Quand les besoins de l'association l'exigeront, il y aura appel de fonds, mais par cinquième au plus, et de mois en mois, à moins de circonstances extraordinaires, cas auquel il y aurait lieu de provoquer une réunion générale.

ART. 12.

Un registre à souche, indiquera la nature et la quotité des versements. Les quittances à talon à délivrer aux fondateurs et aux souscripteurs, seront détachées de ce livre et serviront de titre aux ayant-droit.

ART. 13.

Les fondateurs et les souscripteurs recevront les intérêts à raison de 4 °/o, des sommes qu'ils auront versées, déduction faite des frais de régie.

ART. 14.

Si l'association produit des bénéfices, ils seront employés en actes de bienfaisance, déduction faite de 20 °/o qui viendront en augmentation du fonds de l'association, jusqu'à concurrence de 50 °/o. Quand ce chiffre sera atteint, il sera effectué un remboursement de 25 °/o, et les intérêts seront servis intégralement.

ART. 15.

La durée de l'association est fixée à dix ans.

Au moment de la dissolution, si elle était jugée nécessaire, chaque membre recevrait, sur l'encaisse, une somme en rapport avec sa mise.

ART. 16.

Chaque année, dans l'assemblée générale qui aura lieu, au mois de mai, il sera rendu compte des mesures prises pour atteindre le but que se propose l'association.

ART. 17.

Tout membre délégué par le conseil d'administration, pour remplir une mission quelconque, aura droit seulement au remboursement des avances et des dépenses qu'il aura été obligé de faire.

ART. 18.

Quand il y aura sept membres fondateurs, la société sera constituée. Un acte notarié consacrera, en principe, les conditions qui précèdent.

ART. 19.

Les engagements des fondateurs et des souscripteurs consisteront jusqu'alors, en une simple note écrite à la suite du présent projet et dûment signée.

ART. 20.

Aucun versement de fonds, ne sera effectué qu'après la constitution de la société, et la nomination du conseil d'administration.

ART. 21.

Il pourra être établi des succursales dans chacun des arrondissements qui forment le département.

Chaque succursale sera administrée, suivant les principes posés précédemment.

Les conseils d'administration secondaires qu'il y aura lieu d'établir, seront placés sous la direction du conseil supérieur.

Les opérations de l'association seraient d'une grande simplicité, voici en quoi elles consisteraient :

Quand un propriétaire voudrait faire drainer une partie quelconque de sa propriété, sans courir les chances de l'application du système, on ferait procéder à l'évaluation des terrains sur lesquels devrait avoir lieu l'expérience ; on pratiquerait ensuite des sondes, et, enfin, on examinerait quelles seraient approximativement les dépenses qu'occasionnerait le drainage.

La mission des experts ne devrait jamais consister à attribuer une valeur en numéraire aux terrains à soumettre à l'expérience, par la raison que ce ne serait rien moins qu'une mesure équitable, en même temps qu'elle dénoterait une grande imprévoyance.

En effet, un hectare de terre qui ne vaudrait, au moment de l'expertise, qu'une somme de 2,000 fr., pourrait bien, deux ans plus tard, valoir plus ou moins, suivant que notre situation politique inspirerait plus ou moins de confiance.

Dans une des hypothèses, l'association serait victime d'évènements indépendants de ses opérations ; dans l'autre, elle pourrait réaliser de grands bénéfices, sans que la question de drainage entrât pour rien dans ce qui lui arriverait.

Pour éviter ce double écueil, on fixerait la valeur des terres à drainer, en prenant pour point de comparaison, un terrain quelconque, une pièce portée à la première classe, par exemple. On déterminerait par une fraction, la valeur relative des terres à drainer.

Avec cette base invariable, il n'y aurait jamais à craindre le reproche de calculs intéressés, de spéculations aventureuses. Une fois ces opérations préliminaires terminées, on soumettrait à l'acceptation des agriculteurs, une police contenant, seulement, avec son préambule explicatif, les deux conditions essentielles que voici :

« Dans le cas où deux ans après le drainage, le propriétaire du » terrain drainé, ne croirait pas devoir offrir à l'association, le rem- » boursement des frais de toute nature occasionnés par cette opé- » ration, avec les intérêts à 5 %, comptés du jour de l'achèvement » des travaux, on procéderait à une nouvelle expertise, et l'asso- » ciation aurait le droit de réclamer le montant de la plus-value » acquise, par les terrains drainés, pendant trois ans au moins, et dix » ans au plus. »

« Le nombre d'années pour lesquelles l'indemnité due pourrait être » réclamée, sous la réserve des conditions spécifiées dans le paragraphe » précédent, serait déterminé au moment de la signature de la police.

» Toute contestation relative soit à l'exécution, soit à l'interprétation des
» conditions de la police, serait portée devant les experts choisis pour
» procéder à la reconnaissance des lieux, avant et après le drainage.
» En cas de désaccord, un tiers expert nommé par le président du
» tribunal civil, à la requête de la partie la plus diligente, serait appelé
» pour examiner la question litigieuse. Sa décision aurait pour effet
» de terminer le différent. Les expertises toujours faites par les culti-
» vateurs, ne donneraient jamais lieu qu'au remboursement des frais
» de transport et à leurs déboursés de toute nature. »

Si mes efforts sont impuissants, quant à présent, je m'en consolerai, dans l'espoir que l'attention des agriculteurs, éveillée sur cet objet important, finira par tenter des essais qui auront pour effet de stimuler les plus sceptiques, et d'exciter le zèle de ceux qui auront montré quelque confiance dans les mesures qui ont déjà changé la face d'une partie de l'Ecosse et de l'Angleterre.

Pl. 1re

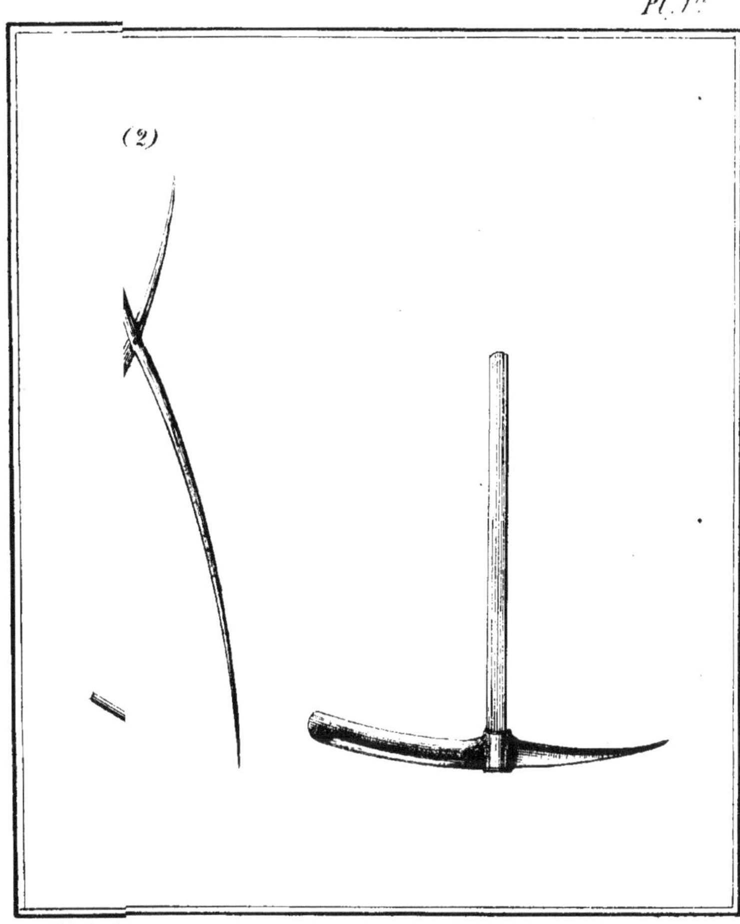

Lith de C

ins.

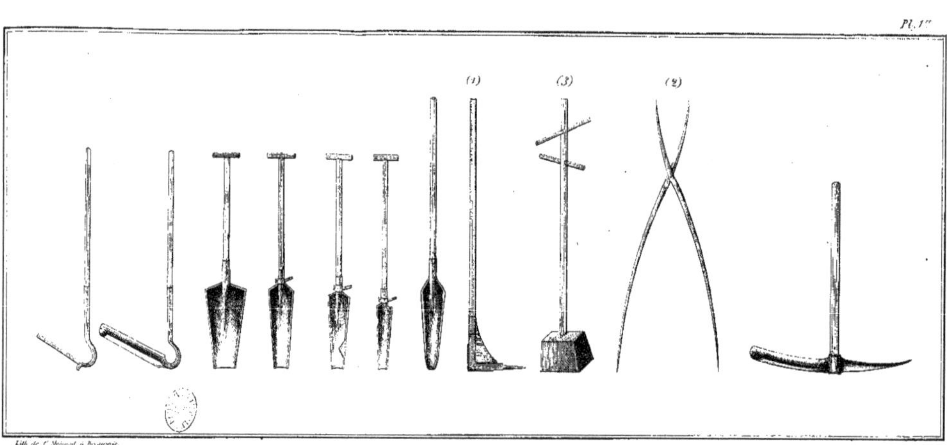

Lith. de C. Moisand, à Beauvais.

(1) *Pièce qui sert à placer les tuyaux dans les drains.*

(2) *Tenailles en bois léger, pour placer les éclats de tuiles, de briques ou de pierres au-dessus des tuyaux à leur jonction.*

(3) *Masse en bois faisant l'office de demoiselle pour tasser la première couche des terres qui servent au remplissage des drains.*

Pl. 2.

Drain.

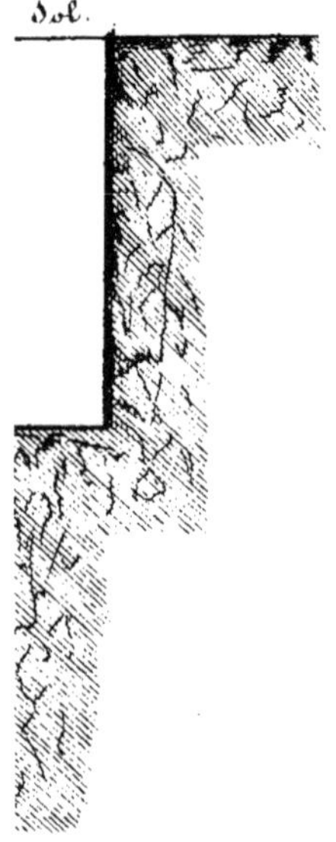

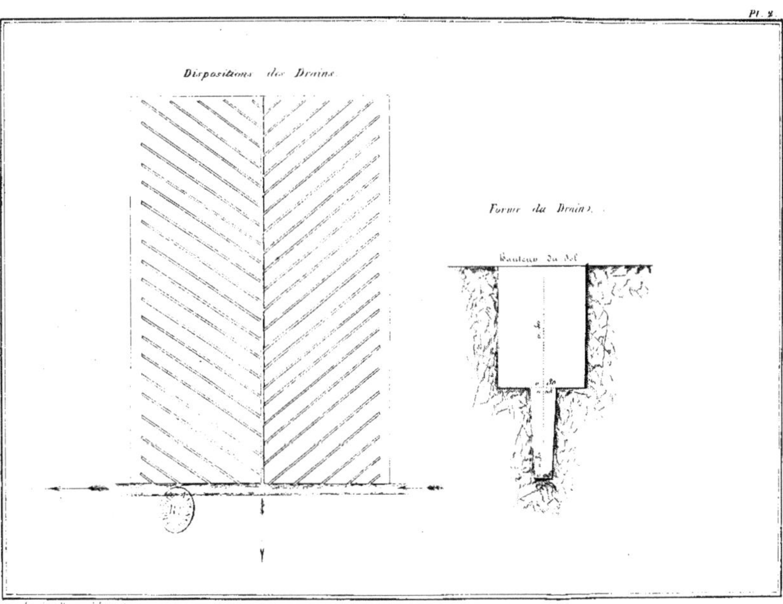
Pl. 2.
Dispositions des Drains.
Forme du Drains.
Hauteur du Sol

DEUXIÈME PARTIE.

EXAMEN DES PRINCIPALES DISPOSITIONS DE LA LOI DU 21 MAI 1836, COMBINÉES AVEC L'INSTRUCTION DU 24 JUIN SUIVANT, ET LES DIVERS ARRÊTS TANT DU CONSEIL D'ÉTAT QUE DE LA COUR DE CASSATION, RELATIFS A LA VOIRIE VICINALE, INTERVENUS DEPUIS LA PROMULGATION DE CETTE LOI.

Art. 1er.

L'art. 1er de la loi, ne faisant que consacrer un principe établi depuis fort longtemps, nous ne nous en occuperons que sous le rapport de l'opportunité du classement, comme vicinaux, d'un grand nombre de chemins dans chaque commune, et du soin que l'on eût dû apporter à coordonner cette opération de manière à ce qu'une ligne importante ne fût pas alternativement vicinale, sur une certaine longueur, et rurale sur l'autre.

Dans quelques départements, on a peu compris le véritable sens, la portée réelle de la loi du 21 mai 1836; dans d'autres, on ne s'en est nullement occupé : nous en trouvons la preuve dans la circulaire ministérielle du 20 juillet 1844.

Dans les premiers, on a éprouvé et on éprouvera longtemps encore, de grandes difficultés avant de parvenir à rendre, à l'état de viabilité, les chemins réellement nécessaires, par la raison que le classement a été fait conformément aux propositions des conseils municipaux dont chaque membre a voulu avoir un chemin non-seulement pour lui, mais aussi pour son parent, ou pour son ami. On a agi sans chercher à se rendre compte du degré d'importance des chemins dont on demandait le classement; on n'a pas réfléchi qu'on s'interdisait ainsi, jusqu'à un certain point, le droit de réglementer ce qui avait rapport à cet objet. On a même souvent isolé chaque commune, en ne classant que les parties de chemin qui lui étaient exclusivement nécessaires, sans s'occuper de ces mêmes chemins ni en deçà ni au-delà, de sorte que des lignes importantes se sont trouvées classées à chaque extrémité, sans l'être dans la partie du milieu, et *vice versâ;* et que d'autres, ayant deux directions, quelquefois assez éloignées, l'une s'est trouvée classée sur le territoire d'une des communes intéressées, la seconde sur celui des autres, ce qui a soulevé de grandes difficultés, parce que chaque localité voulait conserver le tronçon qui avait été classé sur son territoire.

Un classement raisonné eût obvié à bien des inconvénients : la tâche de l'administration centrale fût devenue très facile et les ressources vicinales eussent pu être utilement employées, tandis qu'elles ont été le plus souvent gaspillées d'une manière déplorable, sans qu'il ait été possible d'obtenir les moindres résultats.

On a généralement senti qu'un tel état de choses était contraire aux intérêts bien entendus des communes, et quelques préfets ont fait réviser le classement des chemins, en ne conservant, comme vicinaux, que ceux qui étaient réellement importants. Les conseils municipaux ont toujours été consultés ainsi que le prescrit la loi; mais, on n'a tenu compte qu'exceptionnellement des intérêts exclusifs de hameau ou même de clocher, on n'a jamais hésité à prononcer contrairement à des vœux qui n'avaient que l'intérêt particulier, pour objet.

On a comparé les ressources aux besoins, et, sauf quelques rares exceptions, le résultat de la comparaison a servi de base au classement. Par suite, l'emploi des ressources que les administrations locales ne cherchaient que trop souvent à éparpiller, s'est trouvé concentré dans chaque commune, sur une, deux ou trois lignes, tout au plus; ce dernier nombre n'a été même admis que dans quelques communes étendues et dont les moyens d'action présentaient une certaine importance.

Cette mesure n'a pas tardé à être appréciée par ceux-là mêmes qui, d'abord, avaient fait entendre les plus violentes protestations; on a compris que c'était le seul moyen d'arriver à avoir des chemins convenablement exécutés, et de pouvoir les entretenir.

Dans un certain nombre de départements, au contraire, on a cru bien faire en classant un grand nombre de chemins, pour donner à l'autorité municipale des moyens faciles de prévenir toute espèce d'anticipation de la part des riverains qui cèdent, trop souvent, à la tentation d'agrandir leurs propriétés, aux dépens de celles des communes dont les intérêts se trouvent généralement mal défendus.

Sous ce rapport, la mesure dont il s'agit, avait quelque chose de bon, mais elle a présenté les inconvénients que je viens d'indiquer, et ces inconvénients l'ont rendue préjudiciable aux intérêts mêmes que l'on avait en vue de sauvegarder.

Il eût été préférable de faire un classement rationnel, sans trop se préoccuper des protestations de certaines gens intéressés à l'existence des abus qui ont été signalés.

Dans les départements où le classement n'a pas encore été opéré et pour lesquels le ministre a prescrit des mesures spéciales, par sa circulaire du 20 juillet 1844, on pourra arriver très promptement à d'excellents résultats, par la raison que, éclairés par tout ce qui se passe autour d'eux, et pénétrés de l'importance des mesures à prendre, les préfets feront des classements raisonnés, en rapport avec la masse des ressources dont pourra disposer chaque commune.

Je ne terminerai pas ce qui a trait à l'article 1er, sans entrer dans quelques détails sur les obligations qu'il impose aux communes.

Il résulte bien des dispositions qu'il renferme, que toutes les dépenses à faire, pour rendre à l'état de viabilité un chemin régulièrement classé, sont obligatoires pour la commune sur le territoire de laquelle il est situé ; cependant, ce principe a été contesté. Voici à quelle occasion : un arrêté préfectoral avait déterminé la largeur d'un chemin vicinal, et comme, pour donner à ce chemin la largeur fixée, il était devenu nécessaire de prendre, sur une propriété riveraine, une portion de terrain assez considérable et d'un prix fort élevé, le conseil municipal protesta contre l'occupation de ce terrain et l'affaire fut portée au Conseil d'Etat. Le droit du préfet fut maintenu, et une ordonnance royale du 30 décembre 1841 décida qu'*après qu'un arrêté préfectoral portant fixation de la largeur d'un chemin vicinal, a attribué définitivement au chemin partie d'une propriété riveraine, ni le maire, ni le préfet ne doivent consulter le conseil municipal sur la prise de possession de ce terrain.* C'est, comme on le voit, frapper d'une pierre deux coups, puisque l'on reconnaît que, conformément aux lois que nous avons rappelées, non-seulement les préfets ont le droit de fixer la largeur d'un chemin vicinal, mais encore que les indemnités à payer pour l'élargissement dudit chemin, constituent une dépense obligatoire à la charge de la commune sur le territoire de laquelle il est situé.

Quand il s'agit d'ouvrir un nouveau chemin ou de changer la direction d'un chemin existant, au moyen d'un redressement, il faut que le conseil municipal soit consulté; mais, la délibération qui intervient ne peut être un obstacle à l'exécution du projet du préfet qui peut provoquer une expropriation, si elle est nécessaire, après l'accomplissement des formalités prescrites par les dispositions combinées des lois des 21 mai 1836 et 3 mai 1841. C'est à dire qu'il a été décidé que l'approbation du ministre de l'intérieur, est nécessaire. — Arrêts de la Cour de cassation des 4 avril 1843, 30 avril, 21 mai et 9 décembre 1845. — Annales vicinales, 3e année, pages 78 et 81. —

J'ai cru utile de citer ces décisons, afin de donner aux conseils municipaux la mesure du pouvoir de l'administration, en ce qui concerne les chemins vicinaux.

Art. 4.

Si je n'ai rien à dire des articles 2 et 3, le deuxième et le troisième paragraphes de l'article 4 me paraissent exiger quelques développements. Voici en quels termes ils sont conçus :

« 2e. La prestation pourra être acquittée en nature ou en argent, » au gré du contribuable. Toutes les fois que le prestataire n'aura pas » opté dans le délai prescrit, la prestation sera de droit exigible en » argent.

» 3e. La prestation non rachetée, pourra être convertie en tâches, » d'après les bases et évaluations des travaux, préalablement fixées par » le conseil municipal. »

D'abord, le droit illimité d'option accordé aux prestataires, offre de graves inconvénients et complique singulièrement les difficultés dans la pratique.

En effet, il arrive souvent qu'à l'époque fixée pour faire les déclarations d'option, presque tous les contribuables optent pour la libération en nature, et, cependant, quand vient le moment d'exécuter les travaux, peu se présentent sur les ateliers.

Dans les communes où il se trouve des hommes d'énergie, qui comprennent leur mission, l'inconvénient qui pourrait résulter de ce fait, a peu de gravité, parce que l'on a la sage précaution de mettre les prestataires en demeure de se libérer en nature, dès les premiers beaux jours de l'année, et il reste tout le temps nécessaire pour employer utilement les fonds provenant des cotes devenues exigibles en argent. Mais, si l'on admet que le maire d'une commune soit négligent, peu zélé, ou qu'il craigne de causer le moindre embarras à ses administrés, les prestataires pourront bien n'être mis en demeure de travailler, qu'à la fin de la belle saison, et s'ils refusent ou négligent de le faire, il deviendra impossible d'employer utilement, dans l'année, les ressources dont on pourrait disposer.

J'ai dit qu'avec un homme d'énergie, on peut rendre moins graves les inconvénients résultant de la latitude illimitée laissée par la loi, aux prestataires; mais il y en aurait encore de très grands, si, surtout, il s'agissait de travaux importants.

Pour exécuter des terrassements, par exemple, il faut, sur les ateliers, un nombre d'ouvriers en rapport avec la difficulté du travail et surtout avec la quantité et la force des voitures dont on peut disposer, et *vice versâ*. Dans ce cas-là, si l'on n'a pas de ressources en numéraire assez considérables, ce qui arrive trop souvent, il est rigoureusement nécessaire de combiner ses moyens d'exécution, *tels qu'ils sont*, de manière à en tirer tout le parti possible, c'est-à-dire, de requérir un nombre suffisant de voitures et d'ouvriers terrassiers, pour n'éprouver aucune perte de temps.

Eh bien ! à moins de faire un travail exceptionnel qui intéresse tout le monde, ce qui est fort rare, il arrivera qu'un jour où l'on aura requis six terrassiers et quatre voitures, on aura trois voitures et un homme seulement pour les charger ; et une autre fois, on aura tous les terrassiers requis et pas une seule voiture. Il résultera de là une perte de temps considérable, de fausses manœuvres ruineuses; et, en définitive, on aura épuisé les ressources dont on pouvait disposer, sans avoir obtenu le moindre résultat. Pendant dix ans, le même fait peut se renouveler, et les chemins rester ainsi constamment impraticables.

Pour obvier à ces graves inconvénients, la loi devrait être modifiée, sous ce rapport; tout en respectant le droit d'option, il devrait être bien entendu que ceux qui, après avoir déclaré être dans l'intention d'acquitter leur cote en nature, refuseraient ou négligeraient de le faire, à l'époque fixée, seraient tenus de payer *un quart au moins en sus du montant de leur cote primitive* (1).

Au moyen de cette nouvelle disposition à introduire dans la loi, disposition qui ne serait qu'équitable, on arriverait à connaître d'une manière exacte, la quotité et la nature des ressources dont on pourrait disposer chaque année, et on se trouverait ainsi à même de prendre toutes les mesures convenables pour obtenir des résultats satisfaisants.

Nous en avons fini avec le deuxième paragraphe; mais il nous reste quelques mots à dire au sujet du troisième, dont la fausse interprétation donne lieu à de très grandes difficultés.

Les conseillers municipaux sont généralement les contribuables les plus imposés des communes; plus, par conséquent, les tâches sont élevées, plus ils ont à faire; aussi, ont-ils soin, le plus souvent, de fixer des bases et des évaluations telles que les journées de toute nature sont portées à la moitié, non de leur valeur réelle, mais de la valeur qui leur est donnée par le tarif du conseil général, laquelle se trouve déjà fort au-dessous de celle des journées salariées. Si, donc, l'administration n'exerçait pas une active surveillance sur la fixation des bases de conversion, il en résulterait un grand déficit dans la somme totale des ressources créées par la loi, en vue de donner les moyens de réparer convenablement les chemins; car la prestation en nature serait réellement illusoire.

(1) C'est là le vœu émis par les conseils généraux dans beaucoup de départements et qui avait été pris en considération par les membres de la commission chargée de la révision de la loi du 21 mai 1836, révision qui paraît aujourd'hui abandonnée.

Pour couper pied aux abus qui se produisent, à cet égard, il suffirait d'exiger rigoureusement que toutes les communes prissent des délibérations pour convertir en tâches, leurs journées de prestation en nature, d'après des séries de prix fournies par les agents-voyers, en adoptant toujours pour base, le tarif arrêté par le conseil général.

Cette mesure appliquée dans quelques départements, et notamment dans Indre-et-Loire et dans un assez grand nombre de communes de l'Oise, produit d'excellents résultats.

J'ai remarqué que les prestataires, en général, s'abusent étrangement ou feignent de s'abuser sur l'étendue de leurs obligations, et sur la nature des travaux que l'on est en droit de leur faire exécuter, en adoptant le système de conversion en tâches. De là proviennent principalement, les difficultés sérieuses qui entravent la marche du service, dans la plupart des départements.

En effet, que peut-on faire dans une commune où l'on disposera bien d'un très grand nombre de voitures, mais de peu de journées d'homme, si l'on n'a pas en même temps, des ressources en numéraires suffisantes, soit pour exécuter des terrassements, soit pour ramasser ou extraire des matériaux ? Si l'on tient à obtenir quelques résultats, il faut, de toute nécessité, imposer aux cultivateurs l'obligation soit de fournir des matériaux, à pied-d'œuvre, soit d'exécuter des terrassements pour une valeur égale au montant de chaque cote individuelle.

On a prétendu que les journées de voiture doivent être exclusivement employées à effectuer des transports *quelconques*, et qu'ainsi un prestataire est légalement libéré, lorsqu'il a mis à la disposition de l'administration, soit des animaux, soit des charrettes, que l'autorité municipale est seulement libre d'utiliser, selon leur destination naturelle. Mais admettre d'une manière absolue, cette interprétation de la loi, ce serait rendre la prestation tout à fait illusoire; ce serait, en outre, consacrer un privilége en faveur des riches cultivateurs qui pourraient ainsi ne faire qu'une partie de leur prestation, tandis que le malheureux journalier la ferait en entier, ou en paierait intégralement la valeur.

Il est impossible que tel ait pu être le but de la loi; j'en trouve la preuve, d'ailleurs, dans les paroles de M. Molé, lors de la discussion de l'article 4 qui nous occupe : « Ce que nous voulons, disait ce mi-» nistre, c'est que les chemins se fassent; or, pour qu'ils se fassent, » les deux éléments sont nécessaires : la prestation en nature et l'ar-» gent; *il faut que les deux modes de contribution pèsent également* » *sur tout le monde, et soient employés également et selon l'oppor-* » *tunité dans toutes les communes. Il faut enfin que la charge soit la* » *même pour tous et en raison de l'intérêt de chacun.* » Or, si l'on veut que les chemins se fassent et que la charge soit la même pour tous, il n'est pas possible d'admettre la prétention dont je parlais tout à l'heure; car alors, les chemins ne se feraient pas et les charges ne seraient pas les mêmes pour tous, puisqu'elles seraient légères pour les riches et accablantes pour les pauvres.

On est donc forcément amené à conclure qu'en convertissant en tâches, des journées de prestation en nature, on doit donner, à chaque prestataire, des travaux à exécuter pour le montant de sa cote; et que ces travaux *doivent consister tant en terrassements, qu'en fourniture de matériaux.*

Pour prouver combien je suis dans le vrai, à cet égard, je citerai textuellement une note de M. Vatout, rapporteur de la loi du 21 mai 1836 :

« La prestation en nature était jusqu'ici restée illusoire; on l'a » rendue pratique. Sous l'impuissance des lois précédentes, les rede-» vables apparaissent sur les chemins ou sur les ateliers de travail ; » ils y disposaient quelques pierres, causaient et s'en allaient. L'au-» torité n'avait aucun moyen d'exiger ou de contrôler le travail, et les » chemins restaient impraticables. La conversion en tâches fera dispa-» raître ces inconvénients. Cette conversion ne sera pas toujours obli-» gatoire; on sent qu'il y a des soins, tels que la surveillance, l'ins-» pection des travailleurs, ou certains travaux, tels que ceux où il faut » un concours simultané de bras et d'efforts, qu'il serait impossible de » traduire en tâches; c'est l'autorité qui en décidera, selon les temps, » les lieux et la nature des travaux.

» Les journées de chaque espèce seront d'abord appréciées en ar-» gent, et la somme qui les représentera, servira, au besoin, à fixer

» la tâche de chacun. Elle sera évaluée d'après un tarif dressé dans » chaque commune, *sous l'approbation du sous-préfet.*

» Ce tarif contiendra, comme il était dit dans la proposition de » M. Humblot-Conté, à la chambre des pairs : l'estimation du mètre-» cube de pierre ou de sable ou autres matériaux rendus sur les divers » chemins; du mètre-cube, du cassage ou du répandage d'un mètre-» cube de pierre; d'un mètre-cube de terrassement, d'un mètre cou-» rant de fossés ou de tout autre ouvrage à exécuter, tels que empier-» rement, charrois, etc.; alors le calcul sera bien simple. Supposons, » en effet, qu'un homme doive une journée pour lui, une pour son » domestique, une pour sa charrette; la journée d'homme étant éva-» luée à 1 franc 50 centimes, celle de la charrette à 3 francs, l'habitant » devra en tout 6 francs. Eh bien! on évaluera ce que ces 6 francs » représentent, par exemple, en mètres courants de fossés, et si le « mètre courant de fossés vaut 30 centimes, on en demandera 20 au » redevable; il sera tenu de les faire, dans un délai donné, à moins qu'il » ne préfère se libérer en argent; car la prestation est facultative, et, » dans ce cas, on fait faire sa tâche par un ouvrier.

Puisqu'il est question de M. Humblot-Conté, je crois devoir rapporter un extrait du discours qu'il prononça à la chambre des pairs, à l'occasion de la conversion en tâches, des journées de prestation en nature. « La contribution ou prestation en nature que doit un individu » se trouve donc évaluée en argent; l'on sait qu'il doit pour 3, 4 ou » 6 francs de prestation; *on lui donne alors du travail à exécuter* » *pour* 3, 4 *ou* 6 *francs*. Lorsqu'il doit se transporter à une lieue, » c'est-à-dire, lorsqu'il a une distance beaucoup plus longue à par-» courir, on estime à un prix plus élevé le travail qu'il doit faire; » car il est clair que le temps nécessaire pour parcourir cette distance » plus grande, fait partie du travail à exécuter. »

Sans être aussi absolu, je voudrais seulement que, dans le cas où le nombre de voitures dont on pourrait disposer dans une commune quelconque, serait trop considérable pour effectuer le transport des matériaux qu'il serait possible de se procurer, on *permît* à chaque cultivateur de transporter une quantité de ces matériaux, en rapport avec le montant de sa cote, et que, pour le reste, on l'*obligeât* à fournir, à pied-d'œuvre, deux ou trois mètres de ces mêmes matériaux, au prix accordé pour extraction ou ramassage, cassage, charge et transport. Je voudrais encore, dans le cas où le nombre de journées d'homme serait trop considérable, que les cultivateurs pussent être astreints à fournir eux-mêmes, à pied-d'œuvre, une quantité de matériaux en rapport avec le montant de leur cote respective, ce qui permettrait d'employer les journées d'homme restant disponibles, à épandre les matériaux, et à terminer la chaussée.

En combinant ainsi ses moyens d'exécution, on obtiendrait très promptement, d'excellents résultats.

Bon nombre de contribuables n'ont jamais acquitté et n'acquittent encore, qu'avec une certaine répugnance, cet impôt qui cependant ne les appauvrit pas, et dont le produit est exclusivement employé dans leur intérêt. Ils ont longtemps considéré, ainsi que le dit M. le Ministre de l'intérieur dans sa circulaire du 19 novembre 1838, *la prestation en nature, comme une espèce de don gratuit, comme une contribution volontaire qu'ils peuvent acquitter à l'époque qui leur convient le mieux, qu'ils pourraient même se dispenser d'acquitter, si leurs travaux ou leurs occupations avaient à en souffrir; mais tel n'est pas,* ajoute le ministre, *le caractère de la prestation en nature.*

« *Le travail que la loi permet de demander aux contribuables pour* » *la réparation des chemins vicinaux, est une véritable contribution* » *publique; c'est une dette de l'habitant envers la commune, dette* » *exigible, non pas à la volonté du prestataire, mais à la réquisition* » *de l'autorité qui tient de l'article* 21 *de la loi* 21 *mai* 1836, *le* » *droit de fixer les époques auxquelles les prestations devront être* » *faites.*

» *Sans doute, le préfet, investi de cette mission par la loi, doit* » *fixer ces époques de manière à nuire le moins possible aux travaux* » *de l'agriculture, et, par suite, à permettre, s'il y a lieu, aux* » *prestataires d'effectuer leurs prestations aux moments où ils ont* » *le plus de loisir; mais il faut, en définitive, que la réparation des* » *chemins vicinaux ne souffre pas des facilités accordées aux contri-* » *buables; il faut que les ressources attribuées à ces chemins par la*

» *loi, soient employées en temps utile; c'est là un principe qui domine* » *toute la question et qui ne doit pas être perdu de vue.* »

D'un autre côté, il faut convenir que MM. les maires n'ont généralement ni le temps, ni les notions nécessaires pour surveiller les travaux des chemins. Ils se trouvent, d'ailleurs, dans une position difficile, obligés qu'ils sont de composer incessamment avec l'intérêt particulier pour ne pas s'exposer à de basses vengeances, pour ne pas se faire d'ennemis, de leurs parents, de voisins avec lesquels ils sont tous les jours en rapport, soit pour une chose, soit pour une autre.

Nous avons vu des maires pleins de zèle, abandonnés au jour des élections, même par leurs meilleurs amis, pour avoir voulu suivre, à la lettre, les instructions qu'ils avaient reçues, relativement à l'amélioration des chemins.

On comprendra facilement quels résultats on pouvait obtenir avec de semblables moyens d'action; aussi, a-t-on généralement senti la nécessité d'avoir, pour surveiller et diriger les travaux des chemins, des hommes spéciaux, plutôt honnêtes, zélés, intelligents, que chargés de science; de ces hommes que ni la nature, ni les difficultés de leurs fonctions ne puissent décourager; qui, malgré leur titre modeste et l'exiguïté de leur traitement, apportent en général dans l'accomplissement de leurs devoirs, tant de bonne volonté et de dévoûment.

Il ne faut pas perdre de vue que c'est surtout un bon emploi de la prestation, qui amènera promptement l'amélioration des chemins vicinaux. Mais quoique ce soit une rude tâche que de vaincre les obstacles qui se présentent généralement, dans l'application des mesures dont l'expérience a démontré l'efficacité, on s'est exagéré les difficultés de la position. J'ai été à même de remarquer que, sous ce rapport, l'application de la loi n'a pas rencontré de résistance réellement hostile. Dans le département de la Manche, où j'ai été employé pendant six ans, sous les ordres de M. Mercier, j'ai pu constater que, dès 1839, nous n'avions plus aucune différence à faire entre le travail salarié et celui des prestataires; souvent même nous avons plus obtenu du dernier que du premier.

Pour atteindre ce but, nous n'avons pas éprouvé, je le répète, de difficultés sérieuses, parce qu'en 1837, au moment de l'organisation du service dans ce département, il n'y avait pas encore de mauvaises habitudes contractées; parce que, chargés des chemins de grande communication, nous avions une très grande force; parce qu'enfin, nous avons pris le parti de donner, pour comptant, à chaque entrepreneur, la prestation en nature applicable aux travaux qui lui étaient confiés.

Si la conversion en tâches, telle que je l'entends, telle que l'ont considérée MM. Humblot-Conté et Vatout, ne peut pas être rendue obligatoire, toutes les fois que l'administration le jugera nécessaire, il faut modifier les dispositions de l'article dont nous nous occupons, afin de régler définitivement ce point capital, en donnant aux communes les moyens de tirer parti d'une resssource sans laquelle il serait extrêmement difficile, sinon impossible, de satisfaire aux exigences qui se produisent partout, sous le rapport des voies de communications secondaires.

Pour ne laisser rien à désirer à cet égard, il faudrait, ou que l'on eût recours aux moyens que nous avons indiqués dans l'examen de cette question importante, ou que le service des routes départementales et de toutes les voies de communications vicinales, fût promptement organisé, de manière à pouvoir utiliser toutes les journées de voiture que fournirait la prestation.

Chaque année, le budget de ce service, réglé d'après les besoins présumés, en permettant de remplacer, en numéraire, les journées de prestation que pourrait fournir chaque commune, donnerait les moyens de créer, en peu de temps, un vaste réseau de chemins vicinaux, de les entretenir très convenablement, sans avoir à craindre de difficulté sérieuse, sans aggraver la position des contribuables sous le rapport de la quotité de l'impôt, puisqu'au contraire, ils pourraient toujours se libérer entièrement en nature.

Il y aurait alors un service départemental distinct, dont le personnel serait à peu près le même que celui des chemins de grande communication, dans les départements, où se trouvent aujourd'hui un agent-voyer chef, des agents-voyers d'arrondissements et des agents-voyers cantonnaux.

Cette mesure qui permettrait, tout à la fois, de tirer un excellent parti de la prestation et de faire de notables économies sur les dépenses du personnel, me paraît très avantageuse, et je ne comprends pas qu'un grand nombre de départements n'aient pas encore demandé à en faire l'application.

Si la proposition relative au déclassement des routes départementales, présentée par l'honorable M. Taillefert, n'a pas été prise en considération, elle ne peut manquer d'être accueillie un peu plus tôt ou un peu plus tard, par la raison qu'elle finira par frapper les personnes qui examineront sérieusement la question.

Déjà le département des Basses-Pyrénées est entré dans la voie que nous avons indiquée depuis longtemps. La question discutée à la session de 1849, a été traitée avec tous les développements qu'elle comporte.

Espérons que les résultats qui seront obtenus dans ce département, détermineront l'administration supérieure à faire l'essai de ce système si rationnel, si conforme aux véritables intérêts des populations agricoles.

Dans ces dernières années, le gouvernement avait paru disposé à demander la révision de la loi du 21 mai 1836, surtout dans celles de ses dispositions relatives à la prestation en nature. On avait reconnu le système actuel défectueux, en ce qui touche l'exécution des travaux, et *injuste* au point de vue de l'égalité, et une commission avait été nommée pour étudier cette importante question.

La connexité que j'avais proposé d'établir entre les routes départementales et les chemins vicinaux, avait été soumise à cette commission. On avait compris combien il était important de trouver des moyens de nature à permettre aux communes, dans des temps difficiles, d'établir des métiers pour occuper les ouvriers qui pourraient se trouver sans ouvrage.

Des renseignements avaient été demandés aux conseils généraux ; mais la plupart s'étant prononcés pour le *statu quo*, le projet de loi, après avoir subi l'épreuve d'une lecture, a été abandonné sur la proposition de M. Baroche, alors ministre de l'intérieur.

On avait reconnu, cependant, que les bases sur lesquelles la prestation est établie, laissent à désirer. On avait même prononcé le mot suppression, et à cette occasion un homme pratique avait adressé au conseil général de l'Oise, lors de sa session de 1849, une note dont voici la teneur :

« La prestation en nature est une ressource bien importante; mais il est évident, pour tout le monde, que l'assiette de cet impôt laisse beaucoup à désirer. C'est probablement à cause du vice radical de la loi, à cet égard, que se sont produites les réclamations qui ont amené le gouvernement à en proposer la suppression.

» Cette mesure a-t-elle des chances d'être adoptée? je ne le pense pas, par la raison fort simple que si tous les hommes pratiques reconnaissent qu'il y a des modifications indispensables à apporter à la législation actuelle sur la matière, tous diront que la prestation en nature est entrée dans les habitudes des populations de nos campagnes, depuis qu'elles ont pu apprécier les résultats que l'emploi de cette ressource permet d'obtenir; depuis surtout que les abus signalés tant de fois ont complètement cessé, partout où l'administration a voulu qu'il en fût ainsi.

» Il est important de remarquer, d'ailleurs, que la prestation n'appauvrit pas le contribuable, parce qu'elle ne fait presque jamais sortir un centime de sa bourse. En effet, le cultivateur qui doit deux ou trois journées de voiture pour sa tâche, pourra généralement les faire sans éprouver le plus léger embarras, pourvu qu'on ne l'oblige pas à travailler pendant deux ou trois jours de suite, pourvu qu'on lui accorde un délai convenable pour s'acquitter.

» Sous ce rapport, comme on le voit, cet impôt offre de grands avantages sur toute autre espèce de contribution.

» Ce serait donc une fâcheuse mesure, dans l'intérêt des administrés, que celle qui consisterait dans la suppression de la prestation. Mais il y a quelque chose à faire; il y a très certainement des modifications à apporter à la législation actuelle. Je vais entrer dans quelques détails qui, je l'espère, ne laisseront aucun doute sur ce point.

» D'abord il paraît peu équitable d'exiger trois jours de l'ouvrier ou de l'artisan qui vit du produit de son travail, qui n'a que cette ressource pour nourrir sa famille, quand on ne demande pas plus au citoyen opulent, quand on ne demande rien ni à la veuve qui exploite une ferme considérable, ni au sexagénaire qui vit dans l'abondance.

» Les améliorations que l'on apporte aux chemins ne profitent à l'ouvrier que d'une manière bien indirecte; il y cause peu de dégradations. S'il est juste que tout membre de la famille communale supporte une partie des charges de la communauté, l'équité veut que les sacrifices exigés de chacun soient toujours en proportion avec les avantages retirés de l'application des mesures prises dans l'intérêt de tous.

» Si la prestation est impopulaire dans quelques localités, c'est à cette cause seule qu'il faut s'en prendre. C'est un mal auquel il paraît juste d'apporter un prompt remède.

» Personne n'ignore qu'un ouvrier travaillant dans la localité où est sa famille, souffre moins, a moins de besoins, que celui qui est forcé d'aller chercher de l'occupation sur un point éloigné de sa demeure. Si donc chaque commune pouvait créer, sur son propre territoire, des travaux qu'il fût possible de solder en numéraire, et qui fussent assez importants pour occuper les indigents pendant la mauvaise saison, le grand problème à l'étude depuis si longtemps, serait en voie de solution. C'est aujourd'hui la difficulté que l'on doit principalement s'attacher à aplanir; elle domine la situation, elle peut occasionner les plus grands malheurs. Eh bien! la prestation en nature est, de tous les moyens, le plus simple et le plus puissant pour arriver à ce résultat tant désiré, et vers lequel on n'a pas fait un pas depuis dix-huit mois.

» Pour fixer les idées et me faire aisément comprendre, je vais me borner à examiner l'effet que produirait, dans une seule commune, la mesure que je propose; j'appellerai cette commune, Noailles.

» La valeur représentative en argent du rôle de prestation de cette commune, s'élève annuellement à 2,100 fr. Cette somme importante met à même d'exécuter beaucoup de travaux; mais elle ne donne pas les moyens d'occuper les ouvriers indigents, par la raison que chaque contribuable peut acquitter en nature le montant de sa cote. Si, par une combinaison quelconque, on parvenait à mettre cette somme entière à la disposition de l'administration, elle ferait exécuter tout autant de travaux, et n'éprouverait aucun embarras pour donner de l'ouvrage aux indigents, aux ouvriers inoccupés; mais, en demandant à chaque contribuable, dans l'intérêt des malheureux, le montant en argent de sa cote respective, on éprouverait très certainement plus d'un refus souvent motivé. En l'obligeant à le faire, on augmenterait considérablement le chiffre des contributions, et on donnerait lieu à de violentes protestations. Il faut donc recourir à un autre moyen.

» Pour entretenir nos nombreuses voies de communication, il faut des matériaux ; ces matériaux sont extraits ou ramassés, cassés, transportés, et enfin emmètrés. Or, tous ces travaux sont payés à prix d'argent ; de sorte que, d'un côté, il y a gêne et embarras, tandis que de l'autre il y a abondance, quelquefois superflu, et souvent spéculations lucratives. En rétablissant l'équilibre, on atteindrait sûrement le but vers lequel tendent les efforts incessants de tous les hommes de bien. Est-il difficile d'arriver à rétablir cet équilibre ? Non, très certainement.

» En effet, la commune de Noailles est traversée par une route nationale, par deux routes départementales, et par un chemin de grande communication. Sur toutes ces routes, il faut plus de matériaux que n'en peuvent fournir les prestataires de la localité. Si, donc, on permettait au maire d'employer sa prestation en entier sur ces quatre voies de communication, et que l'on versât dans la caisse municipale de cette commune, la valeur des travaux exécutés, cette caisse se trouverait créditée d'une somme suffisante pour faire face à ses besoins.

» Plus de crainte sérieuse d'hiver rigoureux, de chômages accidentels ; il y aurait toujours des fonds disponibles pour satisfaire aux exigences qui se produiraient.

Quelles seraient les difficultés qu'occasionnerait cette mesure ? Je n'en connais pas une seule. Seulement le trésor dans un cas, le département dans l'autre, verseraient le montant des dépenses dans la caisse communale, au lieu de les faire entrer dans les mains d'une spéculation qui profite de la misère des populations pour réaliser souvent d'énormes bénéfices.

» Le montant de fournitures faites serait constaté par les employés des ponts-et-chaussées, de concert avec l'autorité locale et avec l'agent-voyer chef qui tiendrait toujours la comptabilité des ressources communales, des recettes et des dépenses applicables aux chemins.

» Pour que tout cela fût possible, il suffirait d'insérer dans la loi l'amendement suivant :

« *Les communes pourront employer tout ou partie de leurs presta-*

» *tions en nature, sur les routes nationales ou départementales et sur* » *les chemins de grande communication qui traverseront leur territoire* » *respectif ou qui s'en trouveront à moins de quatre kilomètres.*

» *Le montant des fournitures faites sera acquitté par le trésor ou* » *par le département, suivant le cas, sur les propositions de l'ingé-* » *nieur en chef, dressées d'après les états produits par l'agent-voyer* » *chef de service.* »

» Les états d'indication seront remis à ce dernier au commencement » de chaque campagne, afin qu'il puisse se concerter assez tôt avec » l'autorité municipale de la commune qui aurait déclaré, au mois de » mai de l'année précédente, être dans l'intention de profiter du béné- » fice des dispositions qui précèdent. »

Sans adopter complètement les vues de l'auteur de ces observations, la commission chargée de l'examen de l'affaire, entrant dans la voie indiquée, avait proposé *d'admettre l'exemption de la prestation personnelle de tout contribuable dont la cote serait au-dessous d'un chiffre fixé chaque année par le conseil général*. Mais, le conseil vota le maintien pur et simple de la loi du 21 mai 1836.

ART. 5.

« Si le conseil municipal, mis en demeure, n'a pas voté, dans la » session désignée à cet effet, les prestations et les centimes néces- » saires, ou si la commune n'en a pas fait emploi dans les délais pres- » crits, le préfet pourra, d'office, soit imposer la commune dans les » limites du maximum, soit faire exécuter les travaux.

» Chaque année, le préfet communiquera au conseil général, l'état » des impositions établies d'office en vertu du présent article. »

Les dispositions de cet article relatives aux impositions d'office, sont d'une application si facile que je ne m'en occuperai pas; mais celles qui concernent les travaux ont une très grande importance; aussi, traiterai-je la question à fond.

Dans les départements où le classement des chemins vicinaux a été fait d'une manière convenable, l'autorité se trouve rarement dans l'obligation d'user des droits que lui confèrent l'arrêté du 23 messidor an V, et la dernière partie du 1er § de l'article de la loi du 21 mai 1836, que nous examinons, parce que le nombre de chemins classés, étant en rapport avec les ressources dont peut disposer chaque localité, il importe peu que l'on s'occupe d'abord du n° 1 ou du n° 2, pourvu qu'une fois les travaux commencés, on les continue jusqu'à leur entier achèvement. Mais il en est tout autrement, quand on a classé par commune quinze ou vingt chemins vicinaux, ou, au moins, autant qu'il y a de conseillers municipaux.

Dans ce dernier cas, l'autorité se trouve chaque année, en présence de nouvelles exigences, parce que chacun veut voir exécuter des travaux sur le chemin qui lui est utile; alors les difficultés se compliquent, et, si une influence étrangère intervient dans le débat, ce qui ne manque jamais d'arriver, l'administration est forcément obligée, soit d'engager une lutte, soit de tolérer un gaspillage qui ne produit aucun résultat.

Le ministre de l'intérieur consulté sur la question de savoir si les conseils municipaux pouvaient désigner les chemins à réparer chaque année, a répondu affirmativement; mais, il a eu bien soin de faire remarquer que cette désignation n'est définitive qu'après l'approbation spécifiée à l'art. 21 de la loi du 18 juillet 1837; que dans le cas où *un conseil municipal désignerait un trop grand nombre de chemins, ou ne désignerait pas ceux qui, par leur importance, méritent d'être réparés les premiers*, le préfet pourrait, aux termes de l'article 31 de la loi précitée du 18 juillet et de l'art. 439 de l'ordonnance du 31 mai 1838, rejeter ou réduire les dépenses proposées au budget communal, et, aux termes de l'art. 5 de la loi du 21 mai 1836, faire exécuter les réparations sur les chemins proposées par l'agent-voyer, si le rapport de cet agent établissait la nécessité de ces réparations. — Lettre du ministre de l'intérieur au préfet de l'Oise, en date du 29 avril 1847. —

Le doute n'étant plus permis à cet égard, nous avons lieu de penser que cette décision aplanira une partie des difficultés que cette question importante avait soulevées.

Art. 6.

« Lorsqu'un chemin vicinal intéressera plusieurs communes, le » préfet, sur l'avis des conseils municipaux, désignera les communes

» qui devront concourir à sa construction ou à son entretien, et fixera » la proportion dans laquelle chacune d'elles y contribuera. »

Cet article a une très grande importance, mais les conseils municipaux l'ont généralement mal apprécié.

On a cru qu'un refus de concours, qu'une délibération contraire à un projet de classement, pouvait empêcher l'action des préfets, et on a agi en conséquence. Quelquefois, malheureusement, l'intérêt général a été sacrifié à l'intérêt particulier; mais, tôt ou tard on fera bonne et prompte justice des prétentions exclusives de certains conseils municipaux, par la raison que les préfets peuvent toujours classer un chemin vicinal, sans l'avis ou contrairement à l'avis du conseil municipal de la commune sur le territoire de laquelle il est situé. — Arrêts du Conseil d'Etat des 9 décembre 1845 et 17 janvier 1846. — (Annales vicinales, 3e année, pages 77 et 78.)

Une fois le chemin classé, reste la question de construction et d'entretien, qui soulève encore de sérieuses difficultés. Mais pour ce cas-là, comme pour le classement, la mauvaise volonté d'un conseil municipal ne peut être un obstacle au complément de la mesure réclamée soit dans un intérêt collectif, soit dans un intérêt général.

En effet, l'article dont nous nous occupons, donne également aux préfets le droit de déterminer la proportion dans laquelle les communes doivent concourir à la construction et à l'entretien d'un chemin qui est pour elles d'un intérêt collectif, et les arrêtés pris en vertu de cet article, après l'accomplissement des formalités prescrites, ne peuvent être déférés qu'au ministre de l'intérieur. – Ordonnance des 22 octobre 1830 et 4 mai 1843. (Annales des chemins vicinaux, 1845, page 100). La délibération d'un conseil municipal n'est qu'un avis, qu'un élément de l'instruction qui n'a rien d'obligatoire pour le préfet.— Arrêt du conseil d'Etat du 9 décembre 1845. —

Quelques personnes ont blâmé l'extension donnée dans plusieurs départements, à cet article important de notre loi vicinale, en prétendant que les communes se trouveront à l'avenir dans l'impossibilité de s'occuper des chemins d'intérêt local.

A cela nous répondrons que, si les chemins d'intérêt collectif ne sont pas toujours les chemins qui intéressent le plus les communes sur les territoires desquelles ils sont situés, ils sont généralement classés comme vicinaux, et que, dès-lors, il peut y avoir nécessité de les réparer. Or, comme le dit avec raison, M. le préfet du Bas-Rhin, dans son rapport au conseil général, session de 1846 : « Que les chemins » soient traités comme chemins ordinaires ou comme chemins d'in- » térêt commun, les dépenses sont les mêmes, les fonds des commu- » nes sont également employés : seulement, leur construction produit » de bien meilleurs résultats. Il y a entre le système des chemins or- » dinaires et celui des chemins d'intérêt commun, toute la différence » du travail exécuté isolément à une entreprise faite par association : » il y a de plus, une direction unique, des vues d'ensemble, substituées » à des projets multiples et souvent opposés. »

Il y a, en un mot, unité d'autorité et unité d'action.

Mais si les communes de la situation du chemin, c'est-à-dire, celles sur les territoires desquelles le chemin est situé, doivent contribuer à son entretien, il est juste aussi d'y faire concourir, dans une équitable proportion, toutes les autres localités intéressées.

Quand une commune prétend qu'elle ne doit pas supporter seule, les frais de réparation d'un chemin situé sur son territoire, elle doit le faire connaître et désigner les localités qu'elle regarde comme devant concourir avec elle aux travaux de construction et d'entretien. Les conseils municipaux sont alors appelés à délibérer, et, quand le préfet a recueilli tous les renseignements propres à bien éclairer sa religion, il statue par un arrêté motivé, sur le degré d'intérêt de chacune des communes, à la confection et à l'entretien des chemins de moyenne communication.

Pour que cette disposition soit applicable à une commune, il ne suffit pas qu'elle se serve quelquefois d'un chemin situé sur le territoire d'une autre localité, il faut que ce chemin soit pour elle un moyen habituel et indispensable de communication. (Instruction ministérielle du 24 juin 1836.)

On entend par frais de construction d'un chemin, les dépenses de toute nature à faire pour l'amener à l'état de viabilité. Ainsi, s'il se trouvait un pont à établir en travers d'un chemin de moyenne communication, les communes intéressées devraient concourir à sa construction, en proportion de l'intérêt de chacune d'elles, à la viabilité du chemin. — Arrêt du conseil d'Etat du 26 août 1842. — Commune de Lescheroux.). — Annales vicinales, octobre 1845, page 186. — Arrêt du 2 juin 1843. — La ville de Vendôme contre le ministre de l'intérieur. — Recueil de *Lebon*. —

La Sarthe est celui des départements où l'on a le mieux compris, jusqu'à présent, tout le parti que l'on pouvait tirer de l'application de l'article 6 de la loi du 21 mai 1836. On s'en fera facilement une idée, quand l'on saura qu'en 1845, les chemins de cette catégorie comportaient une longueur de 1,750 kilomètres, dont les 7/10es étaient déjà à l'état d'entretien.

Le classement de ces chemins remonte à 1810, époque à laquelle la plupart des autres départements commençaient à peine à s'occuper de la révision des chemins vicinaux ordinaires. Ainsi, depuis onze ans déjà, l'administration de ce département a su faire profiter les populations des avantages que peut seule procurer l'application d'un système qui prend aujourd'hui une si grande extension, eu égard aux heureux résultats obtenus par quelques administrateurs d'élite, qui ont compris les besoins réels de notre époque de progrès.

La mise en pratique de ce système a produit également, depuis quelques années, d'excellents résultats dans notre département; aussi serait-il à désirer qu'on lui donnât la plus large extension possible.

On a rencontré des obstacles, dans certaines communes, parce que la largeur attribuée à ces chemins, a fait naître des craintes au sujet des indemnités qu'il pourrait y avoir à payer. On a aussi éprouvé quelquefois des difficultés, pour parfaire la somme nécessaire au salaire des cantonniers; mais on obvierait aisément à ce double inconvénient, si, sauf le cas de nécessité absolue, on ne donnait qu'une largeur de 6m aux chemins d'intérêt commun, et si on accordait pour chaque ligne, à titre de prime, un secours annuel, en rapport avec les sacrifices consentis par les communes intéressées. On laisserait, par exemple, le produit d'un centime à la disposition du préfet qui rendrait compte, tous les ans, au conseil général, de la répartition des fonds qu'il aurait pu distribuer. Ces simples mesures permettraient, tout à la fois, d'assurer complètement, à peu de frais, l'entretien des chaussées que confectionnent les communes, chaque campagne, sur leur territoire respectif, et d'apporter tout l'ensemble désirable, dans l'exécution des travaux neufs.

Les faits que l'on a pu constater depuis six ans surtout, sont de nature à ne laisser aucun doute sur les résultats que l'on pourrait obtenir. Il serait heureux que les conseils généraux entrassent dans cette voie qui, seule, aplanirait les difficultés que présentent l'emploi utile et profitable de la prestation en nature, et la situation financière de quelques départements qui se trouvent grevés d'une bien lourde charge résultant de la nécessité d'entretenir un immense réseau de voies de communications fort belles, il est vrai, mais que l'on aurait pu construire à beaucoup moins de frais, et que l'on parviendrait à entretenir presque partout, au moyen du produit de la prestation en nature.

Art. 10.

« Les chemins vicinaux reconnus et maintenus comme tels, sont » imprescriptibles. »

La loi du 9 ventôse an XIII, en prescrivant de rechercher les anciennes limites des chemins vicinaux, disposait que le maximum devait en être porté à 6m, sans qu'il pût toutefois être fait aucun changement à ceux qui excédaient cette dimension.

On peut conclure de là *que les chemins actuels, quelle que soit d'ailleurs la largeur fixée par l'arrêté de classement, n'en sont pas moins voies publiques sur toute leur étendue, et que ceux qui sont vicinaux de temps immémorial sont essentiellement imprescriptibles dans toutes leurs parties, encore bien que l'administration centrale ait décidé que l'on n'exécutera de travaux, à l'effet de les rendre viables, que sur une certaine longueur.*

C'est au moins ce qui a été décidé pour les rues et places publiques, par un arrêt de la cour de cassation du 21 mai 1838, qui porte « que

» *les terrains laissés par les riverains le long des rues ou places publi-*
» *ques, en construisant leurs murs ou leurs bâtiments, dépendent de*
» *ces rues ou places publiques, et que, par suite, ces terrains se*
» *trouvant imprescriptibles, comme dépendant de la voie publique,*
» *ne sont pas susceptibles d'une possession pouvant donner lieu à com-*
» *plainte.* »

Le tribunal de première instance de Beauvais a adopté, sous ce rapport, la jurisprudence de la cour de la cassation. Voici le dispositif d'un jugement rendu le 12 avril 1847, dans une instance entre la commune d'Amblainville et un sieur Bénard qui revendiquait la propriété d'un terrain situé, en dehors de son mur de clôture, le long de la rue du hameau de Sandricourt :

« Attendu que Bénard est demandeur en revendication d'un terrain
» sis à Amblainville, tenant à sa maison d'habitation ;

» Que dès-lors il incombe à Bénard, de prouver son droit à la pro-
» priété de ce terrain ;

» Attendu qu'il ne fait pas cette preuve, etc ; Le tribunal rejette
» l'articulation présentée par Bénard et le déclare mal fondé dans sa
» demande. Condamne Bénard en tous dépens, etc. »

C'est aussi l'opinion de M. Troplong qui, à l'occasion de l'imprescriptibilité des voies publiques, s'exprime ainsi : « La prescription du
» possesseur ne peut commencer que lorsque le chemin a perdu son
» caractère de chose publique. Tant que ce caractère n'est pas effacé, la
» prescription est impossible. Or, un jour, un an, plusieurs années
» même d'usurpation sur la propriété publique, et de silence par les
» intéressés, sont insuffisants pour opérer cette transformation ; elle ne
» résulte que d'un long abandon. »

C'est-à-dire que pour devenir susceptible de prescription, *après trente années de possession*, il faudrait qu'un chemin eût entièrement cessé d'être fréquenté, au moment où la possession a commencé. Or, cette condition est presque toujours impossible ; c'est donc un frein à l'ardeur qu'apportent généralement les riverains à augmenter leur propriété aux dépens des chemins. Pour nous, il résulte de là, la conviction intime qu'un chemin, quel que soit son caractère, quel que soit le degré d'importance qu'on lui attribue, est imprescriptible dans toutes ses parties, tant qu'il est fréquenté par le public.

Les contraventions que l'on peut commettre sur les chemins consistent, soit dans l'usurpation du sol des chemins, soit dans leur dégradation; elles sont constatées par les maires, les adjoints, les agents-voyers et les gardes-champêtres.

Dans le premier cas, elles ne sont soumises à aucune prescription, (Conseil d'État, 4 septembre 1841), et elles sont réprimées par le conseil de préfecture qui ordonne la réintégration du sol et la démolition des constructions élevées sans autorisation, sur le terrain usurpé (art. 8 de la loi du 9 ventôse an XIII), sans avoir égard à l'exception préjudicielle de propriété opposée par les contrevenants (Cour de cassation, 5 décembre 1833 et 4 août 1836); il statue, sans délai, aussitôt qu'il a acquis la certitude que l'usurpation a eu lieu sur un chemin dont la largeur a été fixée, et qui se trouve compris aux états de classement. (Arrêts du Conseil d'Etat, des 19 août 1832 et 18 mai 1837).

Les arrêtés du conseil de préfecture sont exécutoires sans visa ni mandement des tribunaux, nonobstant et sauf tout recours. Ils produisent les mêmes effets et obtiennent les mêmes exécutions que les jugements des tribunaux ordinaires. (Conseil d'Etat, 16 thermidor an XII, 21 juin 1813, 5 mars 1814 et 11 août 1849).

Les dépenses qu'occasionne l'exécution desdits arrêtés, sont payées conformément au mode prescrit pour le recouvrement des contributions publiques. (Circulaire ministérielle du 7 prairial an XIII).

Aussitôt qu'il a été statué par le conseil de préfecture, le tribunal de simple police est saisi du procès-verbal, pour prononcer l'amende encourue; mais cette action se prescrit, conformément aux dispositions de l'article 640 du code d'instruction criminelle. (Cour de cassation, 16 décembre 1842).

Si un tribunal de police se trouvait saisi de l'attribution réservée au conseil de préfecture, il y aurait lieu de revendiquer l'affaire par l'autorité administrative; mais, comme le conflit ne peut être élevé devant la justice de paix (arrêts du Conseil d'Etat des 4 avril et 28 juin 1837), il devrait être interjeté appel, devant le tribunal de première instance, du jugement prononcé par le tribunal de police, soit en premier, soit en dernier ressort (1).

Art. 14.

Les chemins vicinaux qui aboutissent aux chemins de fer en construction, se trouvent exposés à des dégradations extraordinaires, et si la charge de les maintenir en bon état, incombait exclusivement aux communes sur les territoires desquelles ils sont situés, le vote du maximum des ressources créées par la loi du 21 mai 1836, serait toujours insuffisant; mais, par un arrêt du 9 janvier 1843, le Conseil d'Etat a décidé que les dispositions de l'article ci-dessus, étaient applicables à tous les entrepreneurs de travaux publics.

Mais il faut, et c'est là la première condition exigée par la loi, que le chemin pour lequel une commune prétend avoir droit à une indemnité, par suite de dégradation extraordinaire, il faut, dis-je, que ce chemin soit vicinal et entretenu par la commune à l'état de viabilité.

On a demandé si l'on entend par *état de viabilité*, un état tel qu'il n'existe ni ornières, ni frayés, sur le chemin pour lequel on réclame des subventions?

En me rangeant, à cet égard, à l'opinion émise par M. Adolphe Démilly, dans son *traité de l'administration des chemins vicinaux*, je répondrai, que l'expression *état de viabilité*, signifiant seulement que le chemin auquel il s'applique, a été pavé ou empierré, qu'il est entretenu, qu'on peut le parcourir avec une charge et des moyens de traction ordinaires, l'existence de quelques ornières, de quelques frayés sur un chemin quelconque, ne pourrait empêcher que l'on réclamât une subvention pour dégradations extraordinaires.

La reconnaissance de la viabilité étant généralement difficile à faire faire contradictoirement, mais surtout quand il s'agit d'exploitations temporaires de peu d'importance, dont il n'est pas toujours possible de connaître l'ouverture, il est arrivé, dans quelques départements, que l'on s'est dispensé de faire reconnaître l'état de viabilité contradictoi-

(1) Arrêt du Conseil d'Etat du 7 décembre 1844, voir à l'article 17, page 122.

rement avec les propriétaires intéressés, et que l'on s'est borné à faire constater cet état par un simple acte administratif, un arrêté du maire, par exemple, sur le rapport d'un agent-voyer. Cette forme a paru suffisante aux Conseils de préfecture de ces départements, pour établir l'entretien à l'état de viabilité, et le conseil d'Etat a partagé cette opinion. — Arrêts des 30 juillet 1840 et 3 août 1850. —

En général, les subventions spéciales à imposer aux exploitations ou entreprises industrielles dont les transports causent des dégradations extraordinaires, aux chemins vicinaux, doivent être demandées aux entrepreneurs ou aux propriétaires, *suivant que l'exploitation ou les transports ont lieu pour les uns ou pour les autres.* — Arrêt du conseil d'Etat du 28 juillet 1849. —

Les fabriques de sucre de betterave, les moulins, le commerce de grains, l'exploitation de forêts communales, constituent des entreprises industrielles pouvant donner ouverture à des demandes de subvention pour dégradations occasionnées sur un chemin vicinal. — Arrêts du conseil d'État des 12 février 1849, 12 janvier, 9 février, 27 avril et 11 mai 1850. — (Annales vicinales, 1851, pages 62 et suivantes.) —

Lorsque des chemins sont dégradés par des exploitations de forêts, les communes ne sont pas tenues de s'adresser aux exploitants ; le droit qui leur est ouvert, dans cette circonstance, peut être exercé contre les propriétaires de ces forêts. – Ordonnances royales des 21 octobre 1835, 19 janvier 1836, 14 février 1839 et décret du 11 mai 1850. —

Une compagnie ne peut renvoyer les communes à se pourvoir contre les entrepreneurs qui ont soumissionné les travaux mis à sa charge.

Les conventions postérieures intervenues entre cette compagnie et les entrepreneurs, ne peuvent changer vis-à-vis du tiers, la condition telle qu'elle est faite, par les lois générales, et par le cahier des charges de l'entreprise définitive. — Arrêt du Conseil d'Etat du 28 décembre 1849. — Gazette des tribunaux du 4 janvier 1850. —

Il est indispensable que les experts appelés à procéder à l'appréciation du dommage, prêtent serment ; sans l'accomplissement de cette formalité, leur opération serait entachée de nullité. (Arrêt du Conseil d'Etat du 9 février 1843. Lebon, page 20.) Les subventions ne sont imposées que pour les dégradations opérées. (Ordonnance du 25 août 1835).

Il m'a paru utile de faire connaître ces décisions qui intéressent, à un si haut degré, toutes les communes voisines non-seulement des chemins de fer, mais encore des grandes exploitations qui effectuent des transports considérables pour l'exportation de leurs produits.

Art. 15.

Nous sommes arrivé au principal article, sans contredit, de la loi du 21 mai 1836. Cet article, en effet, a une très grande portée, et c'est à l'application des dispositions si précises qu'il renferme, que le pays devra l'immense bienfait d'être doté de moyens de communications faciles, et l'agriculture, de pouvoir exporter ses produits plus économiquement et plus promptement, d'être généralement assurée de leur placement.

C'est aussi l'application des dispositions de cet article, qui a soulevé tant d'oppositions, qui a rencontré une résistance si persévérante, si aveugle, et cela parce que l'on a eu à lutter contre l'intérêt particulier, à toucher au sol auquel on est généralement si attaché en France.

Cependant, il y a avantage pour tous à ouvrir un chemin, et surtout pour ceux qui sont appelés à le fréquenter le plus souvent. D'un autre côté, le droit de l'administration est si bien défini, qu'il y avait quelquefois lieu de s'étonner de rencontrer une opposition aussi vive, de la part de gens qui devaient parfaitement savoir à quoi s'en tenir.

En effet, il n'y a pas à se tromper sur des termes aussi précis que le sont ceux de cet article ainsi conçu :

« Les arrêtés du préfet portant reconnaissance et fixation de la lar-
» geur d'un chemin vicinal, *attribuent définitivement au chemin le*
» *sol compris dans les limites qu'ils déterminent.*

» Le droit des propriétaires riverains se résout en une indemnité,
» qui sera réglée à l'amiable, ou par le juge de paix du canton, sur le
» rapport d'experts nommés, conformément à l'article 17. »

Presque partout, les propriétaires riverains des chemins avaient fermé les yeux à la lumière, sans vouloir se rendre compte des motifs qui ont guidé l'auteur de la loi que nous examinons.

On prétendait qu'il fallait payer, préalablement à l'occupation, le terrain à prendre pour l'élargissement des chemins.

Cependant, bien avant la promulgation de la loi du 21 mai 1836, cette question avait été décidée dans le sens de l'article 15.

Nous trouvons, en effet, dans Macarel, tome 7, page 26, une ordonnance du 12 janvier 1825, rendue sur la requête d'une dame Capmas, et dans laquelle on lit : « en fixant la largeur d'un chemin vicinal et en réservant à la dame Capmas le droit de réclamer une » indemnité, à raison du terrain qui pourrait lui être pris pour » l'élargissement dudit chemin, le préfet s'est renfermé dans ses » attributions.

» En conséquence, la requête de la dame Capmas est rejetée, sauf » à elle, si elle s'y croit fondée, à se pourvoir devant les tribunaux, » soit pour faire statuer sur la question de propriété du terrain sur » lequel a été tracé le chemin vicinal, soit pour faire déterminer l'in» demnité qui lui serait due à raison du terrain qui aurait été employé » à l'élargissement dudit chemin. »

Et dans le tome 10, page 147, le même auteur rapporte une autre décision bien digne des réflexions des plus incrédules. Voici ce dont il s'agissait : un sieur Lemoine avait été autorisé par le tribunal de Rambouillet, à continuer de disposer, à son gré, d'un terrain qu'il possédait lors de l'arrêté du préfet, qui avait compris ledit terrain dans les limites légales d'un chemin vicinal; le conflit élevé, une ordonnance fut rendue en ces termes :

» Considérant que le tribunal civil de Rambouillet, qui était com» pétent pour statuer sur les droits réclamés par le sieur Lemoine à » la propriété du terrain sur lequel est établi le chemin vicinal, ne » l'était pas pour autoriser le sieur Lemoine à disposer dudit terrain.

» L'arrêté de conflit pris par le préfet est confirmé, en tant qu'il » revendique pour l'administration, le droit de maintenir au nombre » des chemins vicinaux de la commune de Saulx-Marchais, le chemin

» dit la sente du pressoir, sauf le droit du sieur Lemoine à une in-
» demnité pour le terrain dont il aurait été reconnu propriétaire, sur
» le réglement de laquelle, en cas de contestation, le sieur Lemoine
» est renvoyé devant lesdits tribunaux. »

Depuis, la Cour de cassation, par un arrêt du 6 juillet 1841, a décidé absolument la même chose ; nous en parlerons bientôt.

En 1836, avant la promulgation de la loi *vicinale*, une portion de terrain avait été prise sur la propriété d'un sieur Sourzac, *non pas pour un simple élargissement*, mais pour la totalité d'un chemin. Le propriétaire intenta action contre la commune, devant la Cour d'Orléans, qui le maintint dans la jouissance du terrain en question; mais, pendant l'instance judiciaire, un arrêté du préfet déclara le chemin vicinal, et le conflit fut élevé. Voici un extrait de l'ordonnance royale rendue, le 7 juin de la même année, à la suite de ce débat :

« . . . . . Que l'effet de la déclaration de vicinalité par le préfet,
» était de mettre le public immédiatement en jouissance, et de ré-
» soudre tous les droits du propriétaire du sol, en un droit à l'in-
» demnité; que la Cour d'Orléans était compétente pour statuer sur
» la question de propriété et d'indemnité; mais qu'en maintenant,
» sans aucune réserve, le sieur *Sourzac* dans la jouissance dudit che-
» min, ladite Cour a porté atteinte à l'acte administratif qui en déclare
» la vicinalité.

» En conséquence, l'arrêté de conflit élevé par l'autorité adminis-
» trative est confirmé. » Macarel, tome 8, page 292. On trouve une infinité de décisions analogues dans le même auteur, tome 9, page 50; tome 10, page 468; tome 11, page 79, etc.

Voici ce que dit le ministre de l'intérieur, à propos de l'article dont il s'agit, dans son instruction du 20 juin 1836 :

« L'article 15 est spécialement applicable aux chemins existants,
» dont vous avez à déclarer la vicinalité et à fixer la largeur.

» Vous vous rappelez, monsieur le préfet, les dispositions de la
» loi du 9 ventôse an XIII. Dès cette époque, le législateur avait senti
» la nécessité de faire rechercher les anciennes limites des chemins
» vicinaux, c'est-à-dire, d'autoriser l'administration à reprendre le

» sol qui appartenait aux chemins. Le législateur avait encore reconnu » qu'il pouvait souvent être nécessaire d'augmenter la largeur des che- » mins existants; l'administration reçut donc le droit d'augmenter, au » besoin, la largeur des chemins, jusqu'au maximum de six mètres.

» Cette jurisprudence, quoique fondée sur une interprétation toute » rationnelle, fut pourtant lente à s'établir. Il resta longtemps des » doutes, surtout pour un cas que la loi du 9 ventôse an XIII semblait » n'avoir pas eu en vue; c'était celui où il s'agissait de prendre, sur » les propriétés riveraines, non plus seulement le terrain nécessaire » à un simple élargissement, mais bien le sol même du chemin dans » son intégrité, sol qui, par quelque circonstance, se trouvait être » propriété privée. Depuis surtout que le principe de la nécessité » d'une indemnité préalable avait été posé dans notre loi fondamentale, » on regardait comme difficile de s'en écarter, même dans un intérêt » grave, celui de la liberté des communications. Pendant quelque » temps, on poussa même le respect pour ce principe jusqu'à surseoir » aux déclarations de vicinalité, dans le cas où les droits de propriété » étaient seulement contestés. Mais ce système était trop nuisible à » l'intérêt public pour qu'il ne fût pas modifié, et depuis quelques » années, il a été admis, comme jurisprudence, par l'autorité admi- » nistrative et par l'autorité judiciaire, *que la déclaration de vicina-* » *lité mettait le public en jouissance légale du chemin, sauf réglement* » *ultérieur de l'indemnité, s'il y avait lieu.* »

Dans une petite ville que j'ai habitée pendant quelques années, tous les avocats attachés au barreau, publièrent en décembre 1837, une consultation sur la question de savoir si les propriétaires riverains peuvent être contraints d'abandonner la possession de leur terrain, avant d'en avoir reçu le prix que la loi appelle la juste et préalable indemnité. Leur réponse se résumait dans le commentaire qu'ils firent de l'article 15 de la loi, ainsi conçu. « Le droit du propriétaire se résout en une » indemnité » *se résout*, c'est-à-dire, qu'au moment où, par l'arrêté » du préfet, le sol nécessaire à l'élargissement du chemin cesse d'être » la propriété du riverain et devient propriété publique, au même » instant l'indemnité est acquise, est due et doit être payée au pro- » priétaire. C'est sous cette condition que l'inviolabilité de la propriété,

» prescrite par l'article 8 de la charte, a cessé d'exister; mais elle » renaît, si elle n'est pas remplie. »

Cette consultation fut publiée, à l'occasion d'une action intentée contre moi et contre une commune de l'arrondissement dont j'étais chargé, par un propriétaire riverain auquel nous avions cru pouvoir prendre le terrain nécessaire, pour donner à un chemin vicinal la largeur fixée par l'arrêté du préfet.

Le tribunal admit les conclusions de la consultation, et le conflit fut élevé; mais, à la date du 18 juillet 1838, intervint une décision conçue dans les termes suivants :

« Considérant que les travaux exécutés ont eu lieu en vertu des » ordres de l'administration et en exécution de l'arrêté du préfet qui » a fixé la largeur du chemin; qu'il ne pouvait appartenir à l'autorité » judiciaire ni d'arrêter le cours des travaux, ni de porter atteinte aux » actes administratifs qui les avaient ordonnés; que le propriétaire » pouvait seulement, s'il s'y croyait fondé, se pourvoir en indemnité » contre qui de droit, devant le juge de paix, avons ordonné et ordon» nons ce qui suit :

» Article 1er. L'arrêté de conflit est confirmé. »

Déjà, la cour de cassation, par un arrêt du 7 du mois précédent, avait décidé cette question dans le même sens, et les 20 et 21 août suivant, elle confirma les mêmes faits.

Cependant, il resta des doutes sur l'étendue des droits et sur les obligations de l'administration à cet égard; car nous trouvons des ordonnances royales des 19 décembre 1839, 23 avril, 4 juillet et 8 décembre 1840, 8 juillet et 6 septembre 1843, rendues sur des arrêtés de conflit pris par les préfets d'Indre-et-Loire, de Seine-et-Marne, du Nord, de la Manche et du Jura, à propos d'actions intentées contre les communes, par des propriétaires riverains des chemins vicinaux.

Dans toutes ces décisions, le Conseil d'Etat est resté fidèle à ses précédents.

La Cour de cassation, elle-même, avait déjà considéré les choses sous le même point de vue, ainsi que nous le disions il n'y a qu'un instant; mais, par un arrêt du 6 juillet 1841, elle alla encore plus loin.

en décidant « qu'un riverain quelconque ne peut jamais être admis à
» élever la question de propriété, au sujet d'un terrain quel qu'il soit,
» une fois qu'un arrêté préfectoral l'a attribué définitivement au che-
» min, en conséquence de l'article 15 de la loi du 21 mai 1836. »

Cette doctrine a été consacrée par un arrêt du conseil d'Etat du 25 août 1849, qui dispose : 1° Que lorsqu'une anticipation commise sur le sol d'un chemin vicinal régulièrement classé, et délimité par l'administration, est déférée au conseil de préfecture, le conseil doit procéder immédiatement au jugement et à la répression de la contravention, *nonobstant* toute exception de propriété opposée par le contrevenant ; mais, que les droits que l'auteur de l'anticipation, pourrait avoir à une indemnité, en vertu de l'article 15 de la loi du 21 mai 1836, demeurent réservés ; 2° Qu'en pareil cas, le contrevenant ne peut exciper non plus de l'alignement qui lui aurait été donné par le maire, ledit alignement ne pouvant être définitif, en raison de ce qu'il n'aurait pas reçu l'approbation qu'exigent certains réglements arrêtés, en exécution de l'art. 21 de la loi du 21 mai 1836.

Après qu'un tribunal a ordonné la suspension des travaux en cours d'exécution sur une propriété privée, pour l'élargissement d'un chemin, faute par la commune d'avoir produit l'arrêté de classement, si le préfet propose un déclinatoire où il avertit le tribunal de l'existence du classement, le tribunal doit rapporter son jugement ; il doit même déclarer sans effet une ordonnance sur référé, qui a prononcé la suspension desdits travaux. (Arrêt du 6 juillet 1843.)

L'ordonnance royale précitée du 8 juillet 1843 (le préfet du Jura contre *Barbier*), est tout aussi explicite :

« Dès qu'un arrêté du préfet a reconnu et fixé la largeur d'un che-
» min vicinal, le sol compris dans les limites qu'il détermine est défi-
» nitivement attribué au chemin, et le droit des propriétaires riverains
» dont les héritages sont attaqués, se résout en une indemnité.

» La prise de possession des parcelles nécessaires à l'élargissement
» d'un chemin vicinal, peut *avoir lieu sans indemnité préalable*, et,
» *même sans estimation de ces parcelles et constatation de leur état*. »

« Les tribunaux ordinaires sont incompétents pour ordonner la
» suspension provisoire, et jusqu'à fixation de l'indemnité, des tra-

» vaux d'élargissement d'un chemin vicinal, exécutés par un entre- » preneur, en vertu d'un traité passé avec l'administration communale » et approuvé par le préfet. »

Le fait qui avait donné lieu aux poursuites du sieur Barbier, consistait en ce que, conformément aux ordres d'un agent-voyer, l'adjudicataire des travaux à exécuter, près la maison du réclamant, s'était emparé d'une portion de terrain et même des abords de sa maison, au point que la porte de sa cour s'était trouvée obstruée de manière à en rendre l'accès très difficile, sinon impossible.

Le maire de la commune de Mont-et-Narré, ayant fait procéder en exécution d'un arrêté du préfet de la Nièvre, du 3 novembre 1840, à l'élargissement d'un chemin vicinal de petite communication, les nommés *Louvrier*, *Aubé*, *Brunet* et *Guignet* frères, propriétaires des terrains qui se trouvaient compris dans l'alignement du chemin, se fondant sur ce que l'indemnité à laquelle ils avaient droit, ne leur avait pas été payée, s'opposèrent, *avec violence*, à la continuation des travaux *et détruisirent ceux qui avaient été commencés.*

Procès-verbal de ces faits, fut dressé par le maire, et les auteurs traduits devant le tribunal de simple police de Châtillon, en vertu du §.II. de l'art. 479 du code pénal, comme prévenus de dégradations faites à un chemin public.

Ce tribunal renvoya les inculpés des poursuites, par le motif qu'il résultait du procès-verbal même, dressé par le maire, que les défendeurs avaient déclaré qu'ils ne s'opposaient à ce que les travaux fussent exécutés sur leur terrain, pour la confection du chemin, *qu'en raison de ce que l'indemnité qui pouvait leur revenir*, n'avait pas été fixée ; qu'ainsi les défendeurs n'avaient fait qu'user de leur droit, en réclamant de M. le Maire de Mont-et-Narré, la fixation de l'indemnité qui pouvait leur revenir ; que, de cette manière, il n'y avait ni délit ni contravention susceptible d'entraîner une condamnation.

Mais la Cour de cassation, dans l'intérêt de la loi, annula ce jugement, sur les conclusions de M. l'avocat général Dupin. (Arrêt du 2 février 1844. — Moniteur du 4 de ce mois.) — Je ferai remarquer que la jurisprudence de la Cour est d'accord, sur ce point, avec celle du Conseil d'Etat, ainsi que le constate l'arrêt précité du 8 juillet 1843.

Quelques juges de paix, cependant, ont cru devoir adopter une autre manière d'envisager la question; plusieurs se sont rangés à l'opinion générale, en se déclarant incompétents. M. le juge de paix du Coudray-Saint-Germer, s'est prononcé dans ce sens, le 6 mai 1847. — *Rabain*, c. la commune de Sérifontaine. —

Toutefois, s'il résulte de ce qui précède que, du moment où un chemin est classé, avec une largeur déterminée par l'arrêté de classement, la commune est virtuellement et de plein droit, saisie de toute la propriété du sol attribué à ce chemin, et qu'il n'est pas nécessaire que la valeur de ce sol, si c'est une propriété privée, soit payée préalablement à l'occupation; s'il en résulte également que le propriétaire ne puisse, *sous aucun prétexte*, s'opposer à l'élargissement du chemin, il ne s'ensuit pas que la commune puisse négliger ou refuser de faire régler l'indemnité due, dans le plus bref délai possible; s'y refuser ou ajourner ce réglement, serait commettre un véritable déni de justice. Il est évident, d'ailleurs, que, si, au moment de l'ouverture des travaux, le sol à incorporer au chemin se trouve occupé par des constructions, des arbres, des haies ou par d'autres objets qui peuvent en modifier la valeur, l'indemnité doit être réglée avant que l'on fasse disparaître ces objets.

Mais, pour ne pas avoir à souffrir de la mauvaise volonté ou de la négligence des intéressés, il faut, dans ce cas-là, avoir le plus grand soin de les mettre régulièrement en demeure de faire connaître, par écrit, dans le délai de huit jours au plus, le montant de l'indemnité qu'ils croient pouvoir réclamer, et de désigner l'expert choisi par eux, pour procéder conformément aux dispositions du 2e § de l'article 17 de la loi, dans le cas où les offres qui leur auraient été faites, ne leur paraîtraient pas acceptables.

La mise en demeure doit être notifiée au détenteur du sol, par le garde-champêtre qui en dresse procès-verbal ou signe l'expédition qu'il doit remettre au maire, pour servir de titre à la commune.

On doit indiquer dans cette mise en demeure, la longueur de haie à arracher, le nombre d'arbres à abattre, leur essence, et donner ensuite le détail de l'indemnité offerte (1).

(1) Voir le modèle de mise en demeure, no 1er.

Il ne reste plus au propriétaire, une fois que cette mise en demeure lui a été notifiée, qu'à déclarer, dans le délai prescrit, s'il accepte ou non les offres qui lui ont été faites, et, dans le cas contraire, qu'à désigner l'expert qu'il aurait choisi pour opérer conjointement avec celui de la commune.

Toute opposition d'une autre nature, quelle qu'en pût être la forme, toute observation étrangère au réglement de l'indemnité, devrait être considérée comme non-avenue.

On a prétendu que, si le sol à incorporer à un chemin vicinal, est couvert par des constructions, l'autorité ne peut s'en mettre en possession, sans recourir aux formalités de l'expropriation et sans indemnité préalable. Cette interprétation de l'article 15 de la loi, étant contraire à la jurisprudence constante de la Cour de cassation et du Conseil d'Etat, il est très important que les riverains sachent bien à quoi s'en tenir à cet égard. Aussi, pour prévenir toute espèce de difficulté, en ce qui concerne cette question capitale, je crois devoir donner un extrait de la circulaire du ministre de l'intérieur, du 15 août 1845, dont les termes sont tellement explicites, qu'ils ne peuvent laisser aucun doute sur l'étendue du droit que confère à l'administration, l'article 15 de la loi du 21 mai 1836.

« Lorsque le sol qui doit être incorporé au chemin vicinal, dit le mi- » nistre, n'est qu'un terrain découvert, l'incorporation immédiate ne » peut être l'objet d'aucune difficulté ; mais, si ce sol est couvert par des » constructions, l'autorité peut hésiter sur les moyens de se mettre en » possession.

» Cette hésitation ne peut pas naître de la question de principe, » *car l'application de l'article* 15 *de la loi du* 21 *mai* 1836 *est géné-* » *rale et absolue; elle frapperait des propriétés bâties comme un* » *terrain découvert.* Seulement, si l'autorité voulait, en cas d'urgence, » exiger l'incorporation immédiate du sol, *ce qui entraînerait la dé-* » *molition des constructions*, l'indemnité se composerait non-seule- » ment de la valeur de ce sol, mais encore de celle des constructions » démolies. A la vérité, le paiement de l'indemnité ne serait pas *né-* » *cessairement préalable*, ainsi que nous l'avons dit plus haut; mais

» comme, en définitive, elle doit être payée, il en résulterait toujours » une dépense considérable que les communes ont intérêt à éviter. »

Comme on le voit, la question est nettement posée et la solution ne laisse rien à désirer.

Il n'y a d'exception, que lorsqu'il s'agit de bois soumis au régime forestier. Dans ce cas, les agents du service vicinal, ne peuvent passer outre, avant l'accomplissement des formalités voulues par l'ordonnance réglementaire du 1er août 1827, sur l'exécution du Code forestier. S'ils négligeaient d'accomplir ces formalités, ils commettraient un délit pour lequel ils seraient passibles des peines correctionnelles déterminées par les art. 192 et 202 de ce Code.

C'est ce qu'a déclaré la Cour de cassation par un arrêt (ch. crim.) en date du 20 mars 1845. *(Tocquaine et autres.)*

« Une fois l'indemnité réglée ou acceptée (1), elle constitue contre » la commune, une créance exigible dont l'acquittement est rangé » au nombre des dépenses obligatoires des communes, par le nombre » 21 de l'article 30 de la loi du 18 juillet 1837; si, donc, la commune » refusait ou tardait de payer, le propriétaire aurait le droit de de- » mander au préfet d'appliquer l'article 39 de la même loi, et le préfet » ne pourrait refuser de faire droit à cette demande sans commettre un » déni de justice. (Circulaire du ministre de l'intérieur, du 21 mai » 1839.) »

Il résulte de là que, si la loi a donné des droits très étendus aux communes, elle a, en même temps, accordé de justes ménagements à la propriété privée.

Elle a rendu de part et d'autre, la mauvaise foi, la négligence, sinon impossibles, au moins impuissantes; l'intérêt général et les intérêts particuliers sont également sauvegardés.

Art. 16.

Quand il y a des redressements ou des changements de direction à opérer, il peut arriver que les propriétaires consentent à la cession du terrain que doit occuper le chemin à ouvrir, et acceptent l'indemnité qui leur est offerte. Dans ce cas, l'acte de vente n° 2, suffit; seulement,

(1) Voir le modèle d'acte d'acquisition, n° 2.

le mot élargissement doit être remplacé par le mot redressement et l'indication du titre par la phrase suivante :

Acte de vente d'une parcelle du terrain nécessaire au changement de direction du chemin vicinal, nº *de* *à*

Si le propriétaire consent à la cession de sa propriété, sans accepter le prix qui lui est offert, même après une expertise amiable, opération qui a toujours pour effet de simplifier singulièrement les questions de cette nature, le jury est appelé à fixer l'indemnité due. — 2ᵉ § de l'article 14 de la loi du 3 mai 1841. — Si les intéressés, enfin, se refusent à la cession du terrain, il faut recourir aux formalités voulues par le titre 2 de la même loi. Le tribunal civil, saisi de la question, examine si l'instruction de l'affaire a été régulièrement faite ; dans le cas de l'affirmative, il prononce l'expropriation et nomme un de ses membres pour présider le jury qui doit être chargé de fixer l'indemnité.

Quand il s'agit de chemins vicinaux, le nombre des membres du jury est fixé à quatre. Il y a, en outre, trois jurés supplémentaires.

Ainsi qu'on l'a déjà vu (1), la délibération du conseil municipal ne peut faire obstacle ni au redressement, ni au changement de direction d'un chemin; mais, pour que le préfet puisse requérir l'expropriation, quand le conseil municipal s'y oppose, il faut que le ministre de l'intérieur ait approuvé le tracé du chemin. Aux termes de l'art. 12, les dispositions des articles 8, 9 et 10 ne sont point applicables au cas où l'expropriation est demandée par une commune dans un intérêt purement communal, non plus qu'au cas d'ouverture et de redressement des chemins vicinaux.

Le conseil municipal remplace la commission spéciale qui doit donner son avis, dans tous les autres cas. (Cour de cassation. — Arrêt du 14 décembre 1842.)

Aux termes de l'art. 7, le maire certifie les publications et les affiches. Il doit mentionner sur un procès-verbal, les déclarations et les réclamations qui lui ont été faites, et annexer à ce procès-verbal, celles qui lui ont été transmises par écrit.

Les parties qui comparaissent doivent être requises de signer leurs

(1) Page 82.

réclamations ou leurs observations. Une délibération prise avant la clôture du procès-verbal serait nulle. — Même arrêt que ci-dessus. —

Le jury ne peut mettre aucune espèce de travaux à la charge de l'administration, qu'autant qu'elle y consentirait. L'indemnité ne peut consister qu'en une somme d'argent, à moins du consentement formel des parties. — Arrêt de la cour de cassation du 16 août 1848. —

Quand un propriétaire exproprié, conteste la suffisance des offres de l'administration, sans préciser le chiffre de sa demande, le jury ne peut allouer une somme supérieure à celle qui a été offerte. (Cour de cassation. — Arrêt du 27 janvier 1849.) —

Le jury d'expropriation ne peut régler d'indemnité et le magistrat directeur ne peut ordonner l'envoi en possession, pour des terrains dépassant la contenance portée au jugement d'expropriation, que l'exproprié n'ait consenti à céder une contenance plus considérable. — Arrêts de la cour de cassation des 25 janvier 1848 et 15 janvier 1849. —

Quand la visite des lieux a été décidée, tous les jurés doivent y assister sous peine de nullité de leur décision ultérieure. — Arrêt de la cour de cassation du 26 mars 1850. —

Lorsqu'un propriétaire prétend forcer l'administration à acquérir l'intégralité de sa propriété, et que cette prétention est contestée, le jury doit régler l'indemnité indépendamment de ce litige et rendre une décision alternative qui s'applique d'une manière certaine, au cas d'une acquisition entière et à celui d'une expropriation partielle. — Arrêt de la cour de cassation du 19 mars 1849. —

Ces règles sont les mêmes pour tous les cas; seulement, quand il s'agit de travaux autres que ceux d'ouverture et de redressement de chemins vicinaux, le jury se compose de seize membres; il y a, en outre, quatre jurés supplémentaires.

Quand on procède par voie d'alignement, c'est-à-dire, quand l'administration, en exécution de plans dûment approuvés, se borne à tracer l'alignement qui lui est demandé, l'abandon de l'emplacement à réunir à la voie publique devient obligatoire; le tribunal n'a donc pas d'expropriation à prononcer. (Circulaire du ministre de l'intérieur du 23 août 1841, nº 44.)

Quand il n'y a pas de plan approuvé, l'arrêté qui détermine un alignement partiel doit être approuvé par le préfet, afin de satisfaire à l'avant-dernier paragraphe de l'art. 2 de la loi du 3 mai 1841. (Même circulaire.)

Il ne peut donc jamais exister de débat ni d'indécision entre l'administration et le propriétaire, que sur le prix du terrain cédé volontairement, dans le cas prévu par le 2e § de l'art. 14. (Même circulaire.)

Art. 17.

Aux termes de l'article 17 de la loi du 21 mai 1836 « les extrac-
» tions de matériaux, les dépôts ou enlèvements de terre, les occu-
» pations temporaires de terrain, sont autorisés par arrêté du préfet,
» lequel désigne les lieux. Cet arrêté doit être notifié aux parties in-
» téressées, au moins dix jours avant que son exécution puisse être
» commencée. »

Les droits de l'administration sont donc bien nettement établis, et cependant, non-seulement la plupart des propriétaires sur le terrain desquels il est reconnu nécessaire de faire des fouilles pour extraction de matériaux, des dépôts ou des enlèvements de terres, se montrent généralement disposés à résister, mais les communes elles-mêmes réclament toujours l'inviolabilité de leur territoire respectif, et élèvent la prétention d'empêcher les entrepreneurs d'y faire ramasser la moindre quantité de matériaux.

Cette étrange manière d'envisager la question, produit de tels résultats, que, dans deux communes voisines, la différence du prix de ramassage s'élève quelquefois, à 1f. 25 par mètre, chiffre relativement considérable eu égard au minimum, puisque dans l'une de ces localités, le mètre se paie 2f, et dans l'autre 0f, 75 seulement.

Il est vrai de dire que la loi du 21 mai 1836 n'entre pas, à cet égard, dans de longs détails ; elle se borne à décider, en termes généraux, qu'il suffira d'un arrêté du préfet pour autoriser la fouille, les dépôts, etc.

Mais, l'ancienne législation a armé l'administration de pouvoirs très étendus.

Le premier arrêt que je connaisse est du 3 octobre 1667 ; le second, du 3 décembre 1672 ; le troisième, du 22 juin 1706. Dans ce dernier, on lit : « conformément aux arrêts des 3 octobre 1667 et 3 décembre » 1672, il est permis aux entrepreneurs du pavé de la ville, faubourg » et banlieue de Paris, ainsi qu'à ceux des grands chemins, *dans toute » l'étendue de la France*, de prendre de la pierre, grès, pavés et sable, » même de faire casser les rochers qui se trouveront dans les héritages » les plus proches des lieux où ils auront à travailler, et autres qui » seront les meilleurs, pour l'exécution desdits ouvrages, *en quelques » lieux qu'ils puissent les rencontrer*, lesquels ne seront point fermés, » et de quelque qualité que puissent être lesdits matériaux. »

Un autre arrêt du 7 septembre 1755, porte également exemption pour les terrains clos ; mais une ordonnance royale du premier juillet 1840 a décidé :

« 1° Que les Conseils de préfecture, seuls, sont compétents pour » prononcer sur les réclamations des propriétaires des terrains désignés » pour l'extraction de matériaux devant servir à des routes, etc., » quand ces propriétaires prétendent avoir droit, à raison de l'état de » clôture de ces terrains, à l'exemption portée par l'arrêt du Conseil » du 7 septembre 1755 ;

» 2° Que de la combinaison de cet arrêt et de celui du 20 mars » 1780, il résulte que cette exemption n'est applicable qu'aux cours, » aux jardins et aux parcs clos par des murs. »

L'article 145 du code forestier, enfin, confirme les dispositions législatives antérieures ; mais il y a des formalités spéciales à remplir, quand il s'agit de fouilles à pratiquer dans les forêts. — Le défaut d'accomplissement de ces formalités, entraînerait nécessairement une condamnation. — Arrêt de la cour de cassation du 10 septembre 1847. —

Voici les dispositions de l'article 170 de l'ordonnance du 1er août 1827, pour l'exécution du Code forestier :

« Lorsque les extractions de matériaux auront pour objet des tra» vaux publics, les ingénieurs des ponts et chaussées, avant de dresser » le cahier des charges des travaux, désigneront à l'agent forestier su» périeur de l'arrondissement, les lieux où ces extractions devront être » faites.

» Les agents forestiers, de concert avec les ingénieurs ou les con-
» ducteurs des ponts et chaussées, procéderont à la reconnaissance des
» lieux, détermineront les limites du terrain où l'extraction pourra
» être effectuée, le nombre, l'espèce et les dimensions des arbres
» dont elle pourra nécessiter l'abattage, et désigneront les che-
» mins à suivre pour le transport des matériaux. — En cas de con-
» testations sur ces divers objets, il sera statué par le préfet. — »

L'administration a donc le pouvoir le plus étendu en ce qui a rapport à l'extraction de matériaux pour le service des chemins ; mais, la question d'indemnité généralement mal comprise, soulève encore des difficultés.

Certaines gens prétendent qu'il est toujours rigoureusement nécessaire de payer préalablement aux fouilles à faire pour extraction de matériaux, l'indemnité à laquelle les propriétaires du sol ont droit; et de là résulte souvent, pour l'administration, de très grands embarras.

Cependant, ni la loi du 16 septembre 1807, ni celle du 8 mars 1810, ni le Code civil, enfin, n'assujétissent les entrepreneurs à aucune formalité; les tribunaux judiciaires, au reste, l'ont bien reconnu, ainsi que nous en trouvons la preuve dans un arrêt de la cour royale de Toulouse, du 10 mars 1834, qui, tout en déclarant que le mot *fouille* dans le sens de la loi du 28 septembre 1791, s'applique même au simple ramassage de cailloux, décide que l'indemnité due aux propriétaires des terrains sur lesquels les fouilles sont pratiquées, ne doit pas être payée à l'avance. Le ministre de l'intérieur, dans son instruction sur la loi du 21 mai 1836, partage bien la même opinion, quand il dit à propos de l'article 17 : « Vous ne perdrez pas de vue, M. le
» préfet, qu'il est indispensable qu'une première reconnaissance des
» terrains soit faite avant l'ouverture des travaux que vous ordonnerez;
» c'est la seule manière d'arriver à une équitable fixation de l'indem-
» nité, lorsque les travaux sont terminés. »

Tout en convenant que de telles paroles doivent avoir beaucoup de poids, je sais que du moment où il s'agit d'intérêt particulier, on est disposé à ne pas même respecter la loi ; à plus forte raison ne s'en rapporterait-on pas volontiers aux paroles d'un ministre *quel qu'il fût*, s'il n'avait le droit pour lui; aussi, citerai-je, à l'appui de l'opinion que j'ai émise, un arrêt du Conseil d'Etat du 20 juin 1839, duquel il résulte que *non-seulement, l'indemnité, pour exploitation de carrières, fouille ou ramassage, ne doit pas être préalable, mais encore qu'il n'en est pas dû pour la valeur des matériaux extraits dans une pièce de terre, en nature de culture, lorsque la surface n'en a pas été altérée.*

La circonstance que des terrains sont ensemencés ne fait pas obstacle à ce qu'ils soient fouillés ou occupés. Il en résulte seulement une augmentation dans l'évaluation de l'indemnité. — Arrêt de la cour de cassation du 1er octobre 1841. —

En cas de fouilles ou d'extractions de matériaux dans une propriété privée, la valeur des matériaux extraits doit entrer en ligne de compte, dans l'indemnité due, quand ces matériaux sont pris dans une carrière en exploitation (Arrêt du conseil d'Etat du 5 avril 1850), ou qui ayant été exploitée n'a pas été définitivement abandonnée. — Arrêts du conseil d'Etat des 30 novembre 1841 et 21 décembre 1849. — Mais, si le propriétaire n'a fait ouvrir sa carrière que postérieurement à la désignation du terrain, l'indemnité n'est due que comme pour un terrain non exploité. — Décret du 24 mars 1849. —

Des propriétaires ont quelquefois manifesté l'intention de s'opposer, par la force, à ce que l'on s'établît sur leur fonds, et la plupart du temps les entrepreneurs ont reculé en présence d'une démonstration de cette nature ; c'était un tort.

Les adjudicataires, il est vrai, ne sont revêtus d'aucun caractère, et, par cela même, ils ne peuvent agir sans l'assistance du Maire, de l'adjoint ou du garde-champêtre; mais, ces fonctionnaires doivent, sur la réquisition des entrepreneurs, constater par un procès-verbal dressé dans la forme ordinaire la résistance que l'on pourrait opposer à l'exécution d'un acte émanant de l'autorité compétente, et cette résistance entraînerait une condamnation à l'amende, et, en cas de récidive, à la prison (1).

Il en serait de même si un propriétaire venait, soit à enlever les matériaux ramassés ou extraits sur son fonds, soit à s'opposer à leur enlèvement par un moyen quelconque.

(1) Code pénal, articles 438, 471, § 15, et article 474.

Dans ces divers cas, les maires, les adjoints, les agents-voyers et les gardes-champêtres devraient dresser procès-verbal, et le juge de simple police ou le tribunal correctionnel, suivant la nature du délit, ne pourrait se dispenser d'appliquer les peines portées par les lois. L'arrêt du 7 septembre 1755 ne laisse aucun doute à cet égard ; voici en quels termes il est conçu : « Les entrepreneurs d'ouvrages ordonnés » pour les ponts et chaussées et chemins du royaume, pourront prendre » la pierre, le sable ou autres matériaux pour l'exécution des ou» vrages dont ils sont adjudicataires, dans tous les lieux qui leur » seront indiqués par les devis et adjudications desdits ouvrages, sans » néanmoins qu'ils puissent les prendre dans les lieux qui seront » fermés de murs. Fait S. M. défense aux propriétaires desdits lieux » non clos, de leur apporter aucun trouble ni empêchement, *sous* » *quelque prétexte que ce soit*, à peine de toute perte, dépens, » dommages et intérêts, même d'amende et toute autre condamnation » qu'il appartiendra. »

Il ne me reste plus qu'à indiquer quel est le tribunal qui doit connaître des contestations qui peuvent s'élever à l'occasion, tant des exploitations de carrière, que du ramassage des matériaux destinés à la confection des chemins vicinaux.

Il y a une infinité de circonstances dans lesquelles des particuliers peuvent, sous ce rapport, se prétendre lésés dans leurs intérêts et peuvent l'être en effet; mais, dans tous les cas, c'est aux Conseils de préfecture seuls (article 4 de la loi du 28 pluviôse an 8) qu'il appartient de prononcer sur les réclamations que l'on peut avoir à faire à cet égard.

Il a été décidé par les ordonnances royales des 30 juillet 1840, 4 septembre 1841, 7 décembre 1844, 4 juillet 1845, 15 juin 1847, par décret du 15 mars 1849 et par arrêt de la cour de cassation, que, *quand il n'y a pas pour le juge, certitude complète, que les entrepreneurs ont excédé les pouvoirs qu'ils tiennent des marchés consentis par l'autorité administrative*, il doit surseoir à statuer jusqu'à ce que cette autorité ait prononcé sur la question préjudicielle.

Cependant, il est souvent arrivé que des juges de paix se déclarant compétents, ont statué sur des questions de cette nature, nonobstant les observations qu'on avait pu leur faire.

Quand les jugements n'étaient pas rendus en dernier ressort, on pouvait interjeter appel et proposer le déclinatoire en première instance; mais, pendant assez longtemps, on a cru qu'il ne pouvait en être ainsi, quand les jugements étaient rendus en dernier ressort. Un arrêt du conseil d'Etat du 7 décembre 1844 (Lebon, page 627), a fait cesser toute incertitude à cet égard, en décidant *que les jugements rendus en dernier ressort par les juges de paix, sont sujets à l'appel pour raison de compétence, et que les préfets peuvent, sur l'appel interjeté par la partie intéressée, proposer le déclinatoire et élever le conflit.*

Quand il s'agit de contestations de cette nature, survenues entre une commune et un entrepreneur, le cas est le même : ce dernier est justiciable du conseil de préfecture pour les indemnités auxquelles son exploitation peut donner lieu. (Arrêt du 13 novembre 1810).

Jusqu'ici, je n'ai guère parlé que des dommages résultant d'exploitations de carrières, d'extraction ou de ramassage de matériaux; mais, *quels qu'ils soient*, pourvu qu'il s'agisse de travaux publics, les demandes en indemnité que les particuliers peuvent former à raison de ces dommages, sont également de la compétence des conseils de préfecture; en voici la preuve :

« Lorsque le délit imputé aux employés d'un entrepreneur, et
» dont est saisi un tribunal correctionnel, paraît être la conséquence
» d'une infraction aux clauses du cahier de charges, l'interprétation
» de ce cahier de charges et la question de savoir si les ordres de l'ad-
» ministration ont été exécutés, constituent une question préjudicielle
» rentrant dans les attributions de l'autorité administrative et jusqu'à
» la solution de laquelle les tribunaux ordinaires doivent surseoir à
» statuer. (Ordonnance royale du 23 avril 1840).

» Lorsqu'un entrepreneur de travaux publics, assigné en indem-
» nité pour avoir abattu une haie, prétend avoir agi en vertu du cahier
» de charges de son adjudication, il n'appartient qu'à l'autorité ad-
» ministrative, soit d'interpréter ce cahier de charges, soit d'apprécier

» le dommage causé par l'entrepreneur dans les limites de son acte de
» concession. (Ordonnance du 4 juillet 1840.)

» Un entrepreneur de travaux d'élargissement d'un chemin vicinal,
» ne peut être condamné en police correctionnelle, pour avoir dépassé
» les limites tracées par son adjudication, qu'autant que la question
» préjudicielle a été décidée par l'autorité administrative. (Ordonnance
» royale du 18 décembre 1840.) »

Il arrive souvent que l'administration fait exécuter elle-même des travaux publics, sans l'intermédiaire d'entrepreneurs; dans ce cas là encore, et à *fortiori*, les demandes en indemnité que les particuliers ont à former, à raison de dommages causés à leur propriété, pour l'exécution desdits travaux, sont de la compétence de l'autorité administrative. (Ordonnances royales des 10 décembre 1840; S. 41, 2,295, et 19 avril 1844. Lebon, page 240).

On considère comme *travaux publics*, non-seulement les ouvrages exécutés aux frais de l'Etat, mais aussi ceux qui sont faits au compte des communes dans un but d'utilité publique. — Arrêts du conseil d'Etat des 23 novembre et 13 décembre 1845. —

Les Conseils de préfecture statuent sur les dommages de toute nature résultant de l'ouverture des chemins, et les tribunaux ordinaires sur l'indemnité due pour le terrain occupé. (Ordonnances royales des 19 octobre 1825, 15 juillet 1841, 12 janvier et 27 novembre 1844). Voir pour celles de 1841, Lebon 1841, p. 17, 23 et 599.

On a prétendu, cependant, que certains dommages résultant de l'ouverture d'un chemin ou d'une route, pouvant être considérés comme permanents et assimilés, par conséquent, à une expropriation, étaient de la compétence des tribunaux; mais le conseil d'Etat a toujours repoussé cette prétention. Outre les arrêts précédents, nous citerons ceux des 23 juillet 1840, 10 mars, 2 juin, 15 septembre, 9 et 30 décembre 1843.

Voici les considérants de l'ordonnance du 23 juillet 1840 :

« Considérant que la demande formée par les sieur et dame Augus-
» tin, est fondée exclusivement sur le dommage qui résulterait pour
» eux de l'exhaussement de la voie publique aboutissant à leur pro-

» priété, exhaussement qui gênerait et modifierait les conditions de » leur jouissance ; que, dès-lors, leur demande n'a point pour cause » une expropriation partielle ou totale sur laquelle il appartienne à » l'autorité judiciaire de prononcer, mais seulement la réparation d'un » dommage dont les conséquences, aux termes des lois sus-visées, ne » peuvent être appréciées que par l'autorité administrative. » (Dans le même sens, Arrêts des 14 avril, 27 août 1839 et 28 mars 1843. Voir pour ce dernier, le Journal des communes, 1843, page 345).

Voici ceux de l'ordonnance du 2 juin 1843 :

« Considérant que la distinction établie par le tribunal de Montpel- » lier entre les dommages temporaires et les dommages permanents, » n'existe dans aucune loi ; que le principe de la compétence des tri- » bunaux administratifs, en matière de dommages résultant de travaux » publics, est général et absolu ; qu'il a été posé par la puissance » législative et qu'il n'appartient qu'à elle d'en modifier ou d'en res- » treindre l'application.

« Considérant que *les dommages, quelle que soit leur quotité, leur » nature et même leur durée, peuvent diminuer la valeur d'une pro- » priété, mais ne constituent jamais une dépossession, puisque le sol » ne change pas de maître; qu'une diminution de valeur ne peut » jamais être assimilée à une expropriation* (1). » (Dans le même sens, Ledru-Rollin, J. du Palais 1837 ; Dalloz, Jurisprudence générale, tome 2, page 223 et suivantes.)

Pendant longtemps, le conseil d'Etat et la cour de cassation sont restés en désaccord sur la question de savoir si l'autorité judiciaire était la seule devant laquelle on dût renvoyer toutes les demandes en indemnités pour dommages permanents.

La cour prétendait qu'il y avait expropriation dans presque tous les cas, et que par cela même l'autorité administrative ne pouvait en connaître. Le conseil d'Etat soutenait une opinion contraire. — La jurisprudence du conseil d'Etat a prévalu devant le tribunal des conflits, et

(1) Il s'agissait, dans ce dernier cas, d'eaux pluviales qui séjournaient sur une propriété particulière, par suite de la construction d'un chemin de fer.

la cour de cassation s'est enfin rangée elle-même à l'opinion du conseil d'Etat, ainsi que le prouve l'arrêt du 3 février 1851. —

Il résulte de l'arrêt du 2 juin 1843, que lorsqu'un propriétaire qui éprouve des dommages de la nature de ceux spécifiés au paragraphe précédent, a cédé une portion de sa propriété pour l'établissement d'une route, les dommages ne doivent pas être considérés comme une conséquence d'expropriation et que le réglement de l'indemnité appartient au Conseil de préfecture. (Lebon, 1843, pages 264 et 265.)

Il y a plus ; si le dommage causé à une propriété n'est pas *direct* et *matériel*, il peut ne pas donner lieu à indemnité (Arrêts de la Cour de cassation du 12 juin 1833, et du Conseil d'Etat des 20 février 1840 et 20 septembre 1843), parce qu'il n'y a aucune loi qui impose à l'état ou aux communes, l'obligation de réparer les conséquences indirectes des travaux effectués dans l'intérêt de tous. (Ordonnances royales des 14 décembre 1836 et 30 décembre 1842.)

En général, le droit à indemnité n'est incontestable, en cas d'exhaussement ou d'abaissement de la voie publique surtout, qu'autant que les points exhaussés ou abaissés touchent immédiatement aux maisons ou aux bâtiments des réclamants (1) ; quand, au contraire, ils ne sont pas contigus aux propriétés prétendues atteintes dans leur valeur, par ces travaux, la question est essentiellement susceptible de controverse. (M. Gand, avocat, Traité général de l'expropriation, page 398).

De l'article 544 du code civil, d'ailleurs, il résulte bien explicitement, que chacun peut disposer de sa chose, de la manière la plus absolue, pourvu qu'il n'en fasse pas un usage défendu par les lois et les réglements.

Les lois romaines 151 et 155 au dig. *de regulis juris*, avaient également reconnu que celui qui ne fait qu'user des droits qui lui appartiennent, ne peut jamais être censé causer du dommage, quelque désagrément que les autres en éprouvent. *Nemo damnum facit, nisi*

(1) Il résulte même des termes d'un arrêt du Conseil d'État, du 20 février 1840, qu'il n'est dû aucune indemnité pour déchaussement de seuils.

qui id facit quod facere jus non habet; non videtur vim facere, qui suo jure utitur.

Ces principes se trouvent aujourd'hui consacrés par les arrêts que nous venons de citer et par les dispositions de l'article 1382 du Code civil, qui n'attache aucune conséquence à un fait dommageable, et qui exige, pour qu'il puisse en résulter une cause d'action en indemnité, qu'il s'y joigne une véritable faute de la part de celui à qui ce fait serait personnel. Cette opinion est celle d'un homme de mérite, qui a publié un ouvrage très remarquable sur la matière.

Je crois ne pouvoir mieux terminer ce chapitre qu'en rapportant ce que dit M. Gand, dans son Traité général de l'expropriation, au sujet de la compétence des Conseils de préfecture, en ce qui concerne les dommages résultant de l'exécution de travaux publics.

« Nous croyons que le meilleur conseil à donner aux parties demanderesses, dans l'état actuel de la jurisprudence, est de s'adresser aux Conseils de préfecture pour toutes espèces de dommages résultant de travaux publics exécutés par l'administration, lorsque le fait préjudiciable ne consistera pas en la dépossession d'une fraction matérielle de leur fonds. (Notes, page 398).

» Toutes les fois que les dommages entrent par leur nature dans la compétence des Conseils de préfecture, il importe peu qu'ils soient du fait de l'administration elle-même, ou de celui de ses entrepreneurs (1) Arrêt du conseil d'Etat du 10 décembre 1840, qui déclare que c'est toujours en ce sens que l'article 4 de la loi du 28 pluviôse an 8, a été entendu et appliqué, S. 41, 2,295); déjà ce Conseil avait rendu des décisions analogues, les 12 avril 1832, S. 34, 2, 506, et 22 février 1838, S. 38, 2, 397. De son côté, la Cour de cassation avait également fixé ce point de jurisprudence, par son arrêt du 20 août 1834, S. 34, 1, 529. »

Le tribunal de première instance de l'arrondissement de Beauvais (Oise), a adopté cette doctrine, ainsi que le prouve le jugement rendu sur appel le 24 avril 1845.

Voici ce dont il s'agissait :

Conformément aux dispositions du deuxième paragraphe de l'article

(1) C'est ce que nous avons dit déjà, page 123.

16 du réglement général sur les chemins vicinaux, approuvé par le ministre de l'Intérieur le 23 mars 1837, et en conséquence d'instructions spéciales de M. le préfet de l'Oise, le maire de la commune du Vaumain, de concert avec l'agent-voyer cantonnal, avait fait opérer d'office, en 1844, l'élagage des arbres et des haies bordant les chemins de la commune. Un des principaux propriétaires de la localité, prétendant que l'ouvrier préposé par le maire, avait outrepassé les bornes de son droit, intenta action contre lui, devant le juge de paix du canton, qui se déclara compétent et condamna l'ouvrier du maire aux dépens et à 3 francs de dommages intérêts.

Appel fut interjeté par cet ouvrier qui croyait avec raison ne pouvoir être mis en cause; sur l'appel, le préfet proposa le déclinatoire, et enfin, contrairement aux considérations énoncées au réquisitoire du ministère public, intervint le jugement que nous venons de citer et dont voici le dispositif :

« Attendu qu'aux termes de l'article 13, titre 2 de la loi du 24 août » 1790, les fonctions judiciaires sont distinctes et séparées des fonc- » tions administratives ;

» Que le même article défend aux juges de troubler de quelque ma- » nière que ce soit, les opérations des corps administratifs et de citer » devant eux les administrateurs, pour raison de leurs fonctions ;

» Que, par une conséquence nécessaire de ces principes, lorsqu'un » magistrat de l'ordre administratif, prend le fait et cause de son pré- » posé, *et qu'ainsi il n'est pas reconnu* entre toutes les parties, que le » préposé de l'administration, ait agi en dehors de la mission adminis- » trative qui lui a été donnée, les tribunaux ne peuvent, sans contre- » venir à l'article ci-dessus mentionné, statuer sur l'action intentée » contre cet agent, puisque ce serait troubler l'administration dans ses » opérations et soumettre indirectement les actes de l'administration, » au contrôle de l'autorité judiciaire ;

» Que la question de savoir si la mission donnée par l'administra- » tion a ou non été outre-passée, lorsqu'elle est agitée entre les » parties, ne peut être résolue que par l'autorité administrative, » puisqu'elle rend nécessaire l'interprétation d'un acte administratif, » et que, suivant la solution dont elle est susceptible, l'acte contre

» lequel une réclamation est portée, peut être reconnu comme cons-
» tituant un acte administratif, sur lequel l'autorité judiciaire ne peut
» prononcer ;

» Attendu que Fleschemer, chargé par un arrêté formel du maire
» de la commune de procéder à l'élagage de tous les bois qui dépas-
» saient la limite des propriétés riveraines des chemins et, en général,
» de la voie publique, dans cette commune, soutient n'avoir pas
» outre-passé la mission qu'il a reçue de ce magistrat administratif;

» Que le maire du Vaumain a déclaré devant le premier juge,
» prendre au nom de la commune, le fait et cause du sieur Fleschemer,
» son agent ;

» Qu'il a réitéré cette déclaration, en cause d'appel, en déclarant
» formellement que le Sr Fleschemer n'a pas outre-passé ses ordres ;

» Que si la déclaration du maire devant le premier juge, n'a pas
» été aussi explicite, en ce qui concerne les motifs de son interven-
» tion, il n'est constaté dans aucun acte de l'instance, que ni lui ni
» Fleschemer aient reconnu que ses ordres aient été outre-passés ;

» Qu'ainsi la question de savoir si Fleschemer s'est ou non renfermé
» dans les termes de la mission administrative qu'il a reçue, était en-
» tière entre les parties ;

» Attendu que la mission donnée à Fleschemer par le maire du
» Vaumain, déterminée par des motifs d'intérêt public et complète-
» ment distincts de la gestion des propriétés patrimoniales de la com-
» mune, constitue évidemment un acte d'administration ;

» Que peu importe *que cette mission n'ait pas été donnée* sous la
» forme d'une adjudication, la forme ne changeant rien à la nature de
» l'acte ;

» Qu'à l'autorité administrative seule appartient le droit de statuer
» sur la régularité et les conséquences d'un acte administratif, et de
» juger si le préposé du maire du Vaumain a ou n'a pas outre-passé
» les ordres de ce magistrat ;

» Le tribunal dit qu'il a été incompétemment statué par le juge de
» paix du canton du Coudray-Saint-Germer. Au principal, donne acte
» au préfet du département de l'Oise du déclinatoire proposé en son
» nom, et, au maire du Vaumain, de sa déclaration que Fleschemer

» n'a point outre-passé ses ordres et qu'il prend son fait et cause; se » déclare incompétent et condamne le sieur Dupille aux dépens tant » *des causes principales que d'appel.* »

Cette jurisprudence a été généralement admise dans le département de l'Oise, depuis quelque temps. M. le juge de paix de Songeons, s'est prononcé dans ce sens, le 19 février 1846, dans une action intentée contre la commune de Sully, par un sieur *Legendre*, à propos d'élagage. M. le juge de paix de Nivillers s'est également rendu incompétent, par décision en date du 3 février 1851, dans une affaire de même nature.

Art. 18.

Je ne crois pas devoir m'occuper de l'article 18, par la raison que les dispositions qu'il renferme, se trouvent très rarement applicables. En effet, ou les propriétaires cèdent sans arrière-pensée leur terrain, soit pour l'ouverture d'un chemin, soit pour l'extraction des matériaux nécessaires à sa confection, ou ils font régler, avant l'expiration du délai fatal, l'indemnité qui peut leur être due. Il résulte de là, comme je le disais tout à l'heure, qu'il y a rarement lieu d'appliquer l'article dont il s'agit.

Art. 19.

Il n'en est pas ainsi de l'article 19, qui a soulevé des difficultés très graves.

Si les propriétaires intéressés consentaient tous à profiter du bénéfice de la loi, la question serait bien simple; mais il peut arriver qu'un des riverains n'ait pas le désir de se rendre acquéreur du terrain qu'il a le droit de soumissionner. Que faire dans cette occurrence? Peut-on donner d'une main et retirer de l'autre? Je ne le pense pas. Si, donc, l'un des intéressés seulement, consent à acquérir le terrain qui longe sa propriété, on doit admettre sa demande et le subroger aux droits de son voisin.

Si les deux propriétaires élèvent la prétention de jouir de leurs droits respectifs, il faut diviser les chemins ou les parties de chemin en deux bandes égales dans le sens de la largeur, et se conformer ainsi *rigou-*

reusement à l'intention du législateur qui a eu principalement en vue d'accorder une faveur à la propriété riveraine, par la raison qu'elle souffre généralement de l'abandon ou du changement de direction des anciens chemins.

On a prétendu que, dans ce dernier cas, on devait recourir à la voie des enchères; je ne crois pas cette opinion fondée. Sans vouloir, toutefois, me prononcer d'une manière absolue, je dirai que l'article dont il s'agit, n'est pas conçu dans des termes qui me paraissent pouvoir être interprétés dans ce sens restrictif.

Il en serait tout autrement, si ni l'un ni l'autre des propriétaires ne voulait profiter du bénéfice de la loi; dans ce cas, en effet, on rentre dans le droit commun : il ne s'agit plus que d'aliéner une propriété communale, aux meilleures conditions possibles, c'est-à-dire, par voie d'enchères, avec publicité et concurrence. Mais il faudrait, avant d'en arriver là, mettre les intéressés en demeure de se prononcer sur leur intention de profiter du bénéfice de la loi ou d'y renoncer. La notification (1) serait faite en double expédition; l'une serait remise à chaque propriétaire intéressé, l'autre resterait entre les mains du maire. Si, à l'expiration du délai fixé, ce dernier n'avait pas reçu les soumissions des propriétaires, il provoquerait la vente aux enchères publiques, en adressant au préfet, une demande à l'appui de laquelle devrait être joint le certificat constatant l'accomplissement de la formalité dont il s'agit (2).

Dans cette occurrence, le sol abandonné n'aurait jamais une très grande valeur, si, comme le dit M. Ledru-Rollin (pages 116 et 438), le sol reste frappé, à l'égard du riverain, de la servitude d'issue et de desserte (Arrêt du Conseil d'État, du 25 avril 1833), et si l'administration ne peut l'aliéner que frappé de cette servitude. (Ordonnance du 10 février 1816.)

Tout en rendant hommage à la science de ce jurisconsulte, je ne puis accepter, sans réserve, l'opinion qu'il émet; je la crois trop absolue.

(1) Voir le modèle de notification, (nº 3).

(2) Voir le modèle de soumission, (nº 4) et le modèle de l'acte de vente, (nº 5).

Je comprends très bien qu'on ne puisse jamais enclaver une propriété quelconque, sans lui donner une issue ; aussi, ne voudrais-je pas voir aliéner un chemin, sans réserver le droit des tenans et des aboutissans, si les communes ne pouvaient fournir des passages au moins aussi faciles que ceux qui existaient précédemment ; mais, dans dans le cas où il pourrait en être ainsi, je pense que ce serait se tromper que de croire que *le chemin seul doive passage, et qu'on ne puisse l'aliéner que frappé de la servitude d'issue et de desserte.*

D'après l'état de la législation sur la matière, il n'y a qu'un acte administratif qui puisse dépouiller les voies publiques du caractère auquel elles doivent leur imprescriptibilité ; il en résulte, comme nous l'avons dit à l'occasion de l'article 6 de la loi du 9 ventôse an XIII (1), que le sol des chemins publics ne peut être acquis par la possession, suivant les règles du Code civil, et que l'usage que l'on en fait ne donne aucun droit de servitude. (Cassation, 13 février 1828.)

Comment donc ce droit pourrait-il s'acquérir au moment même où un acte administratif prononce la suppression d'une de ces voies publiques ? Il n'y a cependant à invoquer là aucune des circonstances prévues par le Code civil, puisqu'il ne s'écoule entre l'existence légale d'un chemin et sa suppression, que le temps nécessaire pour signer l'arrêté ou l'ordonnance qui le supprime.

Le droit d'habitation, celui d'ouvrir des jours et des issues ne sont que des accessoires du droit de circuler ; or, comme le droit de circuler dans une voie publique n'est qu'un droit précaire, tous ceux qui en dérivent ne peuvent avoir d'autre caractère.

Aucune loi ne garantit ces droits aux riverains des voies publiques, non plus que l'article que nous examinons, dans lequel il n'est rien stipulé en faveur des riverains, pour la suppression des jours ou des issues dont ils peuvent être en jouissance, au moment de l'aliénation des parties de chemin ou des chemins abandonnés ; le droit des communes, enfin, est sans restriction aucune. Mais, je le répète, on doit toujours avoir égard aux réclamations légitimes qui peuvent se produire dans les enquêtes qui ont lieu avant la suppression, confor-

(1) Page 100.

mément aux dispositions de l'ordonnance royale du 23 août 1835 ; toutefois, il faut bien prendre garde de sacrifier les intérêts des communes pour satisfaire aux exigences de l'intérêt particulier.

Du moment où un chemin perd son caractère de chemin public, il devient prescriptible et aliénable, il est enfin propriété communale. Considéré sous ce point de vue, s'il est aliéné, le conseil municipal peut affecter le produit de l'aliénation, à des dépenses d'intérêt communal, sans qu'il puisse y avoir de privilége plutôt pour celles d'une nature que pour celles d'une autre; mais, l'application rigoureuse de ce principe, serait préjudiciable aux intérêts bien entendus des communes qui ont des voies de communication en très mauvais état. Ce serait, d'ailleurs, consacrer une véritable injustice.

En effet, admettons pour un instant, qu'il s'agisse d'un chemin d'intérêt collectif, ou d'un chemin de grande communication.

Si on abandonne le chemin existant, et que l'on paie en commun les terrains à occuper pour en ouvrir un nouveau, il ne serait pas juste de laisser profiter exclusivement la commune de la situation, du produit de vente du chemin abandonné, puisque cet abandon n'a lieu que par suite d'une dépense faite en commun, pour payer les terrains à occuper par le nouveau chemin. Il en serait tout autrement, si chaque commune, traversée ou longée par un chemin d'un intérêt collectif dans le sens de l'article 6, ou par une ligne assez importante pour être considérée comme un chemin de grande communication, se trouvait *seule* chargée de faire face aux indemnités de terrain à payer pour l'ouverture de ce chemin.

Art. 21.

Pour assurer l'exécution de la loi, les préfets ont dû, aux termes de l'article 21, préparer un réglement dont les principales dispositions ont pour objet de déterminer la largeur des chemins, d'assurer l'emploi des ressources vicinales, et de statuer sur tout ce qui est relatif aux alignements, aux autorisations de construire le long desdits chemins, à l'écoulement des eaux, aux plantations, à l'élagage, aux fossés et à leur curage; mais le droit de ces magistrats, sous ces divers rapports, résulte encore de la législation existante, pour tout ce que la loi du 21 mai n'a pas modifié ou abrogé.

En effet, en ce qui concerne la largeur à donner aux chemins, ce droit ressort bien évidemment des dispositions de l'arrêté du directoire du 23 messidor an V, et de celles de l'article 6 de la loi du 9 ventôse an XIII. Il en est de même de ce qui est relatif à l'emploi des ressources (1).

Quant aux alignements, voici, en ce qui concerne spécialement les chemins vicinaux, une discussion approfondie de la question ; je l'emprunte au *Courrier des Communes*.

« Quel est le droit des maires en ce qui concerne les alignements à » donner sur les chemins vicinaux ?

» Avant la loi du 21 mai 1836, les chemins vicinaux ou communaux » appartenaient tous sans distinction à la petite voirie, et, à ce titre, » se trouvaient placés indistinctement dans les attributions des maires. » Ainsi ces magistrats réglaient seuls, sauf recours devant l'autorité » supérieure, tout ce qui concernait les alignements demandés pour » les constructions à faire sur les chemins vicinaux.

» Cet ordre de chose, se trouvait établi par les lois des 14 décembre » 1789 et 24 août 1790, qui chargent les corps municipaux, de la » police des rues et chemins, par la loi du 28 pluviôse an VIII qui » charge le maire seul de l'administration de la commune, par la loi » du 16 septembre 1807, enfin, qui confiait aux maires le soin de » prendre des arrêtés pour les alignements des rues ne faisant point » partie d'une route royale ou départementale, et par extension, pour » l'alignement des chemins vicinaux.

» Il n'en est pas de même aujourd'hui, sous l'empire de la loi du » 21 mai 1836.

» Cette loi établit une distinction entre les chemins de grande et » petite communication. »

« Voici ce que dit, à ce sujet, M. le ministre de l'intérieur dans » son instruction du 24 juin 1836 :

..., « *Quant aux chemins vicinaux de petite communication*,

(1) Arrêté des Consuls du 4 thermidor an X.

» *vous pouvez laisser aux maires le droit de donner des alignements,*
» *sous la réserve de l'approbation du sous-préfet qui examinera si la*
» *largeur légale du chemin a été respectée.*

» D'après ces instructions, les préfets ont partout abandonné aux
» maires le soin de régler les alignements sur les chemins vicinaux de
» petite communication, mais en leur traçant la marche qu'ils devaient
» suivre tant pour conserver aux chemins la largeur légale, que pour
» préserver ces voies publiques de tout dommage, et aussi, en sou-
» mettant les arrêtés municipaux en cette partie, à l'approbation du
» sous-préfet.

.... » Le ministre de l'intérieur, dans l'instruction précitée, a invité
» les préfets à veiller à ce que les maires publient dans toutes les com-
» munes, dans les formes accoutumées, un arrêté portant défense de
» construire aucun bâtiment ou mur le long d'un chemin vicinal, sans
» avoir demandé l'alignement. *Il sera utile,* dit le ministre, *que les*
» *maires étendent la défense aux rues des bourgs et villages, ce qui*
» *leur permettra d'y exercer cette partie de leurs attributions dans*
» *toute leur étendue.*

.... » Mais, lorsque, conformément à ces instructions, un arrêté a
» été pris par le maire, pour interdire de bâtir sur les chemins vici-
» naux, sans avoir préalablement obtenu l'alignement, celui qui bâti-
» rait, sans avoir rempli cette formalité, commettrait une contravention
» passible d'une peine de police, lors même qu'il n'aurait pas empiété
» sur le sol du chemin vicinal.

» Ces principes posés, venons maintenant à leur application et sup-
» posons qu'un propriétaire riverain, pour se conformer aux prescrip-
» tions d'un arrêté municipal, ait demandé l'alignement ; cet aligne-
» ment lui est donné par le maire, mais, sur son recours, le préfet
» annule la décision du maire.

» Quelle sera l'obligation du propriétaire dans cette nouvelle cir-
» constance ?

» Ici nous devons faire une distinction importante. Ou bien l'arrêté
» pris par le maire est annulé purement et simplement, ou bien le
» préfet y substitue un nouvel alignement. Dans ce dernier cas, il est
» évident que c'est l'alignement donné par le préfet qui devra être

» suivi, car c'est aux préfets que l'article 21 de la loi du 21 mai » 1836, confère le droit de statuer sur tout ce qui concerne les ali- » gnements sur les chemins vicinaux. Les maires, par la délégation » des préfets, peuvent bien être investis du même droit, mais au » moins ne le peuvent-ils que sous l'autorité du préfet, de sorte que » c'est le préfet seul qui statue, quand il le juge nécessaire.

» Si le préfet s'était contenté d'annuler l'arrêté du maire, sans le » remplacer par un autre, les choses seraient remises au point où elles » étaient avant l'arrêté d'alignement. Le propriétaire se trouverait dès » lors dans la nécessité de solliciter un nouvel alignement, et s'il né- » gligeait de remplir cette formalité, il se rendrait passible des peines » de police qu'encourent ceux qui enfreignent un arrêté municipal.

» Ainsi, en nous résumant, nous donnerons à la question proposée » la solution suivante :

» 1° Ce sont aujourd'hui les préfets qui statuent sur les alignements » relatifs aux chemins vicinaux.

» 2° Lorsque l'arrêté d'alignement pris par le maire, a été modifié » par le préfet, c'est la décision du préfet qui seule fait la règle.

» 3° Lorsque l'arrêté du maire a été annulé purement et simplement » par le préfet, le maire doit prendre un nouvel arrêté; jusque là il n'y » a pas d'alignement donné, et le propriétaire qui aurait bâti en un » tel état de choses, devrait être traduit, pour ce fait, devant le tri- » bunal de simple police. »

Un avis du Conseil d'Etat, en date du 16 juillet 1845, porte *que dans l'état actuel de la législation, les préfets ont le pouvoir d'empêcher les propriétaires de faire des réparations confortatives aux bâtiments sujets à reculement, qui longent les chemins vicinaux, lorsque la reconnaissance des limites et la fixation de la largeur desdits chemins, ont été préalablement opérées en suivant les formalités voulues.*

Mais dans la circulaire du 15 août 1845, qui accompagne l'avis précité du Conseil d'Etat, le ministre de l'intérieur a le plus grand soin de rappeler que, d'après la jurisprudence constante du Conseil d'Etat, les seules réparations qui puissent être réputées confortatives, et, à ce titre, être prohibées, *sont celles qui auraient pour effet de consolider le mur de face dans la hauteur du rez-de-chaussée.* Tous les travaux de quelque nature qu'ils soient, que les propriétaires voudraient faire au-dessus du rez-de-chaussée, doivent être autorisés, attendu qu'ils ne peuvent consolider l'édifice, que souvent même ils en accélèrent la destruction.

Une fois la question d'alignement proprement dite terminée, reste à régler l'indemnité due à un propriétaire forcé à reculer ses constructions, ou dont il est débiteur, dans le cas contraire, c'est-à-dire, s'il se trouve dans l'obligation d'avancer sur la voie publique.

Jusqu'ici, j'ai remarqué que l'on n'a pas suivi de règle fixe à cet égard. On comprend facilement qu'il ait pu en être ainsi pendant assez longtemps; mais depuis quelques années, on aurait pu agir plus régulièrement qu'on ne l'a fait, surtout en présence des termes si précis de l'instruction du 23 août 1841.

Quand il s'agit d'alignement sur des chemins vicinaux, la question se simplifie essentiellement, parce qu'il n'y a pour la résoudre, qu'à appliquer les dispositions des articles 15 et 19 de la loi du 21 mai, en réglant l'indemnité, soit à l'amiable, soit en provoquant une expertise, conformément aux dispositions du 2e § de l'article 17.

Dans ce cas, le juge de paix doit prononcer sur le rapport des experts, en ce qui concerne le prix du sol seulement, et le conseil de préfecture, pour tout ce qui est relatif aux dommages accessoires qui peuvent résulter de l'élargissement ou de l'expropriation, pour des communications interrompues, par exemple, pour des plantations, des clôtures et des murs de soutènement détruits, et dont la destruction compromettrait la solidité des bâtiments et des terres environnantes. (Article 4 de la loi du 28 pluviôse an VIII; Conseil d'Etat, arrêts des 19 octobre 1825, 15 juillet 1841, 12 janvier et 27 novembre 1844) (1).

Mais il en est autrement pour les terrains délaissés ou cédés dans les rues, ou sur les places dépendant de la voirie urbaine (2), par suite

(1) Voir page 123.

(2) Je dis : *dépendant de la voirie urbaine*, parce qu'il y a des rues qui, comme prolongement des chemins vicinaux de grande communication, doivent, aux termes d'un avis du Conseil d'Etat, du 25 mars 1837, être considérées comme faisant partie intégrante de ces chemins et soumises aux règles qui leur sont applicables; d'où il résulte que l'intervention du jury n'est nécessaire que quand il s'agit du règlement des indemnités dues par les riverains, pour les terrains délaissés par suite des alignements arrêtés.

de l'exécution des alignements arrêtés ; en cas de contestation sur le chiffre de l'indemnité, c'est au jury d'expropriation qu'il appartient de prononcer. (Avis du Conseil d'Etat, du 1er avril 1841.) (1)

Dans cette circonstance, le préfet devrait approuver l'arrêté de l'autorité municipale, afin de satisfaire aux prescriptions de l'avant-dernier paragraphe de l'article 2 de la loi du 3 mai 1841. Ce magistrat demanderait ensuite au tribunal acte de cette production, par l'intermédiaire du ministère public, et requerrait la nomination du magistrat directeur du jury. (Lettre du 23 août 1841.)

C'est donc à tort que, dans certaines communes, on fixe, en conseil municipal, le prix à payer aux riverains ou à recevoir d'eux, pour le terrain qu'ils cèdent ou qu'on leur cède.

Tant qu'il ne s'élève pas de difficultés de la part des intéressés, il n'y a nul inconvénient à agir ainsi ; mais il faut qu'il soit bien entendu, pour que les choses se fassent régulièrement, *que si un arrangement se conclut, d'après les bases établies par le conseil municipal, c'est parce que les propriétaires intéressés y trouvent leur avantage, ou qu'ils préfèrent la voie amiable à une contestation qui occasionnerait des frais et des dérangements.*

Plantations. — Si les limites de tous les chemins vicinaux étaient tracées d'une manière invariable, il n'existerait pas la moindre difficulté en ce qui concerne les plantations, puisqu'il ne s'agirait plus que d'observer les distances fixées dans chaque département, (2) tant pour les haies vives que pour les arbres de haute tige ou autres; mais il y a peu de chemins dont les limites réelles soient exactement déterminées ; aussi, je crois donner un bon conseil aux propriétaires riverains de voies publiques quelconques, en les engageant à ne jamais faire de plantations, sans en avoir obtenu l'autorisation, par *écrit.*

(1) On trouvera, au nº 2, le modèle de l'acte à faire dans le cas où le riverain délaisse une portion de terrain, par suite d'alignement ; au nº 6, le modèle de la cession par la commune, dans le cas où la construction doit avancer sur la voie publique.

(2) Les haies vives doivent être plantées à $0^m, 50$ c. du bord des chemins ou des fossés qui les bordent ; les arbres de haute tige à $2^m, 00$, et les arbres fruitiers à $3^m, 00$; c'est, excepté pour ce dernier cas, l'application pure et simple des dispositions de l'article 671 du Code civil.

Ce que nous avons dit pour les alignements, s'applique implicitement aux plantations à faire le long des chemins, places, etc., mais principalement quand il s'agit de clôtures.

Toutes les plantations faites avant la promulgation de la loi, doivent être tolérées (Circulaire du ministre de l'intérieur du 24 juin 1836). Seulement, dans le cas où elles penchent sur la voie publique, elles doivent être abattues (1), car elles constituent une contravention punissable par les tribunaux de simple police. (Arrêt de la Cour de cassation, du 22 juillet 1837.)

Cette règle s'applique, à plus forte raison, aux arbres existant sur le sol même des chemins, quel que soit le laps de temps écoulé depuis leur plantation. A défaut de réglement particulier, on doit s'en rapporter aux termes bien précis de l'article 555 du Code civil (2).

Mais, ainsi que nous venons de le dire, il y a peu de chemins et de voies publiques, en général, dont les limites soient certaines, ou au moins à l'occasion desquelles il ne puisse s'élever de sérieuses difficultés entre les riverains et la commune.

Dans les traverses, par exemple, dans les rues ou sur les places publiques, il existe des terrains non clos que la plupart des riverains prétendent avoir laissés en construisant leurs murs ou leurs bâtiments, et sur lesquels on a fait des plantations; de leur côté, les communes revendiquent généralement la propriété de ces terrains, et exigent, par conséquent, l'abattage et l'enlèvement des arbres qui peuvent y avoir été plantés. L'arrêt de la Cour de cassation, du 21 mai 1838, disposant, comme nous l'avons déjà dit (3), que, dans cette circonstance, *il y a présomption légale en faveur des communes*, et que, à défaut de titre contraire, elles doivent être reconnues propriétaires de ces terrains considérés dès lors comme dépendant de la voie publique et par consé-

(1) Il n'y a pas toujours nécessité d'abattre les arbres qui penchent sur la voie publique, il suffit quelquefois de couper le tronc à l'endroit où il commence à dépasser la ligne d'aplomb correspondant au bord extérieur du chemin ou du fossé.

(2) La plupart des réglements faits pour l'exécution de la loi du 21 mai 1836, contiennent des dispositions très explicites à cet égard.

(3) Page 101.

quent imprescriptibles, il ne me semble pas qu'il puisse désormais exister de difficultés sur la solution de la question.

On a cru qu'une fois une propriété close, il était permis aux riverains de planter à telles distances du chemin, qu'il leur paraissait convenable ; je pense que c'est une erreur. Les dispositions de l'article 671 du Code civil, qui doivent servir de règle, à défaut de réglement spécial, sont absolues. Il en est de même de celles des réglements généraux faits dans tous les départements : il n'y a aucune restriction. D'où il résulte que le droit de réglementer les plantations le long de la voie publique est absolu, quel que soit l'état des propriétés riveraines.

On comprend du reste, que, si un champ, un jardin se trouvait clos par un mur de 3m,00 d'élévation, par exemple, il n'y aurait pas lieu de s'opposer à ce que le propriétaire plantât des arbres fruitiers, qui ne s'élèvent généralement qu'à 3 ou 4 mètres de hauteur, à une distance moindre que celle que nous avons indiquée. Ce serait, en effet, ne voir que la lettre de la loi, quand on doit s'attacher surtout à l'esprit ; car, comme on le sait, la lettre tue, l'esprit vivifie.

Quant à la voirie urbaine, voici les principales règles posées par la jurisprudence qui régit la matière :

On a prétendu qu'à défaut de réglement spécial, on peut construire le long des rues et des voies publiques en général, sans autorisation ; mais il en a été décidé autrement par un arrêt de la Cour de cassation, du 15 mai 1835, S. 35-1, 801, dont voici les motifs :

« La Cour, vu l'édit de 1607, portant : défendons à tous nos sujets
» de la ville de Paris, et autres villes de ce royaume, de faire aucun
» édifice, pan de mur, jambes estrières, encoignures sur ladite
» voirie, sans le congé et l'alignement de notre grand-voyer ou desdits
» commis ;

» Vu les articles 1er et 3 (1) titre XI de la loi des 16-24 août 1790,

(1) Article 1er, T. XI de la loi des 16-24 août 1790. Les corps municipaux veilleront et tiendront la main, dans l'étendue de chaque municipalité, à l'exécution des lois et des réglements de police, etc.

Article 3. Tout ce qui intéresse la sûreté et la commodité du passage dans les rues, quais, places et voies publiques, ce qui comprend le nettoiement, l'illumination, l'enlèvement des encombrements, la démolition et la réparation des bâtiments menaçant ruine, etc.

» 29, (1) de celle des 19-22 juillet 1791, 471, n° 5, et 484 du
» Code pénal (2) ;

» Attendu que les réglements concernant la voirie, disposent dans
» un intérêt général de police et de sûreté ; que l'article 29 de la loi
» des 19-22 juillet 1791, a provisoirement confirmé ceux qui subsis-
» taient à cette époque ; qu'ils l'ont été définitivement, et par l'article
» 471, n° 5, du Code pénal, qui punit *ceux qui auront négligé ou
» refusé d'exécuter les réglements ou arrêtés concernant la petite
» voirie*, et par l'article 484 portant que *dans toutes les matières qui
» n'ont pas été réglées par le présent Code et qui sont régies par des
» lois et réglements particuliers, les cours et les tribunaux continue-
» ront de les observer* ; qu'on lit, en effet, dans l'exposé des motifs du
» titre IV du Code pénal, que cette disposition maintient les lois et
» réglements actuellement en vigueur, relatifs à la construction, en-
» tretien, solidité, alignement des édifices, et aux matières de voirie ;
» attendu que ces lois et réglements donnaient aux officiers de la
» voirie, le droit de défendre la confection de travaux confortatifs sur
» la façade des maisons joignant les rues des villes et susceptibles d'a-
» lignement, et qu'après la suppression de la juridiction de la voirie,
» ces attributions ont été transportées aux corps municipaux par les
» articles 1 et 3, n° 1er, titre XI de la loi des 16-24 août 1790 ;
» qu'en vertu de l'art. 13 de la loi du 28 pluviôse an VIII (3), elles
» appartiennent aujourd'hui aux maires des villes ; que d'après l'arti-

(1) Article 29 de la loi des 19-22 juillet 1791. — Sont également confirmés provisoirement les réglements qui subsistent concernant la voirie, ainsi que ceux actuellement existants, à l'égard de la construction des bâtiments, et relatifs à leur solidité et à leur sûreté, sans que de leur disposition il puisse résulter la conservation des attributions ci-devant faites à des tribunaux particuliers.

(2) Article 471 du Code pénal. Seront punis d'une amende depuis un franc jusqu'à cinq francs inclusivement :

1° Ceux qui, etc ;

2° Ceux qui auront refusé ou négligé d'exécuter les réglements ou arrêtés concernant la petite voirie, ou d'obéir à la sommation émanée de l'autorité administrative, de réparer ou de démolir les édifices menaçant ruine.

(3) Article 13 de la loi du 28 pluviôse an VIII.

Les maires et adjoints rempliront les fonctions administratives exercées maintenant par l'agent municipal et l'adjoint, etc.

» cle 46 de celle des 19-22 juillet 1791 (1), ceux-ci ont incontestable-
» ment le droit de renouveler les réglements anciens sur les objets de
» police confiés à leur vigilance et à leur autorité ; mais qu'en l'ab-
» sence de ces dispositions particulières, les réglements anciens qui
» n'ont point été abrogés, subsistent par eux-mêmes et doivent con-
» tinuer de recevoir leur exécution, etc. »

Un arrêt du 17 février 1844 (*Bonfils.* — Avocat-général, M. Quenault), dispose *qu'il est d'ordre public que nulle construction, nulle clôture ne peut avoir lieu sur ou joignant la voie publique, tant que l'autorité compétente n'a pas déterminé l'alignement à suivre.*

Il résulte d'un autre arrêt de la Cour, du 20 septembre 1845, que le tribunal de simple police, saisi d'une contravention, en matière d'alignement, ne peut, en même temps qu'il reconnaît la contravention, se refuser à prescrire la démolition ;

Que lorsqu'un individu a réparé, sans autorisation préalable, un mur joignant la voie publique, le tribunal saisi de la contravention, ne peut surseoir à ordonner la démolition des travaux exécutés, jusqu'à ce que l'autorité compétente ait décidé s'ils sont ou non confortatifs ;

Que si l'autorité a sommé de démolir un édifice menaçant ruine, un tribunal de simple police ne peut accorder de sursis.

Le maire peut toujours exiger la démolition d'une construction établie irrégulièrement. (Arrêt du Conseil d'Etat, du 16 juillet 1840.)

L'arrêt de la Cour de cassation du 21 juin 1844, (Journal des Conseillers municipaux, août 1845, p. 19) ne laisse de son côté, aucune espèce de doute à cet égard. En effet, il décide que si *l'autorité municipale enjoint à un propriétaire qui a construit sans demander ali-*

(1) Article 46. Aucun tribunal de police municipale ne pourra faire de réglement ; le corps municipal néanmoins pourra, sous le nom et l'intitulé de *délibérations*, et sauf le cas de réformation, s'il y a lieu, par l'administration du département, sur l'avis de celle du district, faire des arrêtés sur les objets qui suivent :

1° Lorsqu'il s'agira d'ordonner les précautions locales sur les objets confiés à sa vigilance et à son autorité, par les articles 3 et 4 du titre XI du décret du 16 août, sur l'*organisation* judiciaire ;

2° De publier de nouveau les lois et réglements de police, ou de rappeler les citoyens à leur observation.

gnement, de démolir sa construction dans un délai fixé, le tribunal de simple police doit le condamner à le faire, dans le cas où il n'aurait pas obtempéré aux injonctions qui lui auraient été notifiées, sous forme d'arrêté, en visant l'édit du mois de décembre 1607, quand même ce refus serait fondé sur cette circonstance que ladite construction aurait été faite en arrière de l'alignement qui aurait pu être déterminé.

Pour les constructions à réparer ou à faire dans l'intérieur des villes, bourgs et villages, toute demande d'autorisation ou d'alignement doit être faite au maire qui, si la rue ou la place pour laquelle l'autorisation est demandée, est une traverse de route royale, départementale ou d'un chemin de grande communication, transmet la demande au préfet. Dans tous les autres cas et tout le temps qu'un plan général d'alignement, arrêté pour la localité, n'a pas été approuvé, l'alignement est donné par les maires seuls, d'après leurs vues personnelles ; mais il n'a qu'un caractère essentiellement provisoire. (Arrêt de la Cour de cassation, du 25 novembre 1837, S. 38, 1, 91).

Il en est de même des arrêtés des préfets (Arrêt du Conseil d'Etat, du 15 février 1833, S. 34, 2, 409) ; mais un arrêté d'alignement donné par le maire et approuvé par le préfet, ne peut être attaqué par voie contentieuse. (Arrêts du Conseil d'Etat, des 4 novembre 1836, S. 36, 2, 515, et 13 avril 1830.)

L'administration supérieure est toujours investie du droit d'arrêter d'office, mais après l'accomplissement des formalités prescrites, des alignements autres que ceux présentés par l'autorité municipale, lorsque ceux-ci lui paraissent défectueux ou insuffisants. (Arrêt du Conseil d'Etat, du 20 avril 1842. Journal des Conseillers municipaux, octobre 1843, p. 78.)

Il semblait résulter de l'arrêt du Conseil d'Etat, du 16 février 1833, (S. 36, 2, 447), déjà cité, et de celui du 14 juin 1836, que lorsqu'un préfet annule ou modifie un réglement d'alignement donné par le maire, il doit réserver tous droits à indemnité au propriétaire qui se trouve obligé de démolir la construction faite sur la foi du premier alignement. (M. Gand, page 461.)

Mais cette conséquence implicite est tombée, en présence d'une décision plus récente (24 avril 1837, S. 37, 2, 379) ; toutefois, par un autre arrêt du 15 juillet 1841 (*Lebon*, T. P.), le conseil se prononce d'une manière moins absolue, en décidant seulement *que lorsque des ordonnances établissent de nouveaux alignements, l'administration ne peut arrêter la construction des maisons commencées, sur l'ancien alignement, quand cette construction est parvenue jusqu'à la hauteur du premier étage.* C'est, comme on le voit, revenir indirectement au principe posé dans les arrêts des 15 février 1833 et 14 juin 1836, en s'associant, en même temps, à la jurisprudence de la Cour de cassation qui a décidé :

« 1° Qu'encore bien qu'un arrêté d'alignement pris par le maire, » soit déféré au préfet qui a le droit de l'annuler ou de le modifier, » le tribunal de simple police devant lequel serait poursuivie une con- » travention à cet arrêté, devrait condamner le contrevenant parce » qu'il est de principe, que tout réglement municipal relatif à la voirie » est provisoirement exécutoire et par conséquent obligatoire pour les » tribunaux, (Cassation, arrêt du 26 juillet 1827, S. 27, 1, 502 ; » M. Gand, page 466) ;

» 2° Que celui qui, ayant commencé une construction en consé- » quence d'un alignement à lui donné par le maire, n'obtempère pas aux » injonctions qui lui sont faites de discontinuer ses constructions, par » suite de la révocation du premier alignement, se rendrait, en conti- » nuant, coupable de contravention et passible de l'application de l'ar- » ticle 471, n° 15, du Code pénal (M. Gand, page 469. Arrêt du 25 » novembre 1837, S. 38, 1, 915) ;

» 3° Enfin, qu'en cas d'annulation par l'autorité supérieure d'un » alignement donné par l'autorité administrative inférieure, et en con- » séquence duquel a été construit un bâtiment qui ne se trouve plus » sur la ligne du nouveau tracé résultant de la modification du précé- » dent, le propriétaire de ce bâtiment ne peut être forcé de le démolir. « (Arrêt du 16 avril 1836, S. 36, 1, 656 ; M. Gand, page 447). »

Il résulte explicitement de ce que nous venons de rapporter, que le riverain d'un chemin public classé ou non, ne peut construire sans autorisation, à peine d'être condamné à l'amende.

Le tribunal de simple police ou le Conseil de préfecture, suivant le cas, outre l'amende, prononce la démolition, et des dommages-intérêts.

La démolition n'est pas seulement le droit, quand la construction anticipe sur le sol de la voie publique ou du chemin, mais encore quand par suite de l'alignement qui vient à être fixé, il est reconnu qu'il n'y a pas eu anticipation.

Ce principe est consacré par de nombreux arrêts de la Cour de cassation, et notamment par une décision du 21 novembre 1844, contraire à la jurisprudence du Conseil d'Etat, ainsi que le prouve l'arrêt du 26 juillet 1837, duquel il résulte que si un riverain se conforme à l'arrêté du préfet, il ne doit être condamné qu'à l'amende.

Quand des travaux confortatifs sont exécutés aux murs de face d'une maison sujette à reculement, la démolition doit être restreinte aux travaux faits, sans pouvoir être étendue à la totalité des murs (arrêt du Conseil d'Etat, du 16 juillet 1842); et quand les travaux ne sont pas confortatifs, on doit s'abstenir d'en ordonner la démolition, en se bornant à appliquer l'amende. (Arrêts des 1er septembre 1832, 12 décembre 1834, 6 février et 12 juillet 1837, 25 février 1841, et, enfin, 24 décembre 1844 ; voir, pour le dernier, *Lebon*, page 682.)

Lorsqu'un mur de clôture sujet à reculement, est converti en mur de façade par l'adjonction des constructions nécessaires pour la création d'un bâtiment, il n'y a pas lieu à démolition, quand ce mur ainsi transformé, n'a pas été conforté, encore bien qu'il y ait établissement d'une construction nouvelle sur une portion de terrain retranchable.

Mais il en serait autrement, si la nouvelle construction était établie en arrière du mur de clôture, et ne devait pas tomber avec lui. (Arrêt du 23 décembre 1835.)

Les propriétaires des édifices qui ne paraîtraient pas même devoir être assujétis à reculement, dans un temps plus ou moins éloigné, ne peuvent faire de nouvelles constructions, ni exécuter aucun ouvrage tendant à consolider, reconforter ou réparer ni murs de face, ni une partie quelconque de bâtiment touchant à une voie publique, sans avoir préalablement demandé et obtenu la permission de l'autorité compétente, en général du maire (1). (Cour de cassation, 7 août 1829. S. 29, 1,294.)

Plus tard, le 10 septembre 1832 (S. 33, 1, 590), la Cour s'est prononcée dans le même sens, en décidant qu'un tribunal de simple police ne peut se dispenser d'ordonner la démolition d'un mur donnant sur la voie publique, lorsqu'il reconnaît que des travaux ont été faits à ce mur, et cela, sous prétexte que ces travaux ne sont pas confortatifs, et qu'il n'existe pas de plan d'alignement arrêté, ni de prohibition réglementaire spéciale de l'autorité municipale. (Arrêt dans le même sens, 17 décembre 1836; S. 37, 1, 905.)

Dans son ouvrage traitant de l'expropriation pour cause d'utilité publique, M. Gand partage l'opinion de la Cour; voici en quels termes il s'exprime à ce sujet : « quelle que soit la destination, plus ou moins » générale d'une voie publique; que ce soit une grande route, un » chemin vicinal de grande communication, un chemin vicinal, même » un chemin public non déclaré vicinal, une rue, une place publique » d'une ville, d'un bourg ou d'un village ; qu'il s'agisse de fonds situés » dans l'intérieur des villes, bourgs ou villages, de fonds y attenant » et en dépendant, ou de fonds qui en sont distancés; toutes proprié- » tés riveraines de ces diverses voies de communication, sont assujéties » indistinctement à la servitude dont il s'agit, et l'alignement ou l'au- » torisation s'applique aux constructions faites, comme aux construc- » tions à faire. »

C'est ce qui résulte également des termes d'une lettre du ministre de l'intérieur, en date du 21 décembre 1837, au maire de la ville de Lesparre. Voici en substance ce que dit le ministre : « d'après les ré- » glements de la voirie, il ne peut être exécuté de travaux à la façade » des maisons qui bordent la voie publique, sans autorisation préalable.

» C'est une erreur de croire que cette obligation n'est imposée aux

(1) Toutefois, le préfet peut, au refus du maire, et après l'en avoir requis, fixer lui-même un alignement demandé pour construire le long des rues ou des places dépendantes de la voirie urbaine. (Loi du 18 juillet 1837, article 15 ; Arrêt du Conseil d'Etat, du 25 janvier 1838).

Il résulte des dispositions du même arrêt que ce n'est que dans ce cas, et encore sur l'appel des parties contre un arrêté municipal, que les préfets ont le droit de statuer.

» propriétaires que pour les maisons qui, par suite d'un plan d'aligne-» ment, sont sujettes à reculement.

» Mais lors même qu'une maison est sujette à reculement, il y a » lieu d'autoriser le propriétaire à convertir en croisées, deux portes » de boutique, ouvertes dans le mur de face, parce que ces travaux » ne peuvent être considérés comme ayant un caractère confortatif. »

Quoiqu'il en soit, dans les départements où l'arrêté réglementaire pris pour assurer l'exécution de la loi du 21 mai 1836, ne soumet les riverains qu'à demander l'alignement pour construction ou reconstruction sur les terrains qui joignent la voie publique, dans les traverses des chemins de grande communication ou sur les chemins vicinaux ordinaires, je pense que les tribunaux de simple police pourraient se refuser à condamner à la démolition, les propriétaires qui n'auraient fait qu'exécuter des réparations aux bâtiments, murs ou clôtures déjà existants, sans, au préalable, en avoir obtenu l'autorisation.

Lorsqu'un mur a été recrépi sans autorisation, c'est la destruction seulement du recrépissage qui doit être ordonnée; mais elle doit l'être, quelque minime qu'il paraisse au juge.

« L'existence des autorisations qui permettent de bâtir sur ou » joignant la voie publique, ne peut être établie que par écrit, ayant » date certaine, avant la construction; et un contrevenant ne peut » être admis à prouver par témoins, que cette autorisation lui a été » accordée. Le fait d'avoir élevé des constructions sur ou joignant la » voie publique, sans en avoir préalablement obtenu, par écrit, l'au-» torisation, ne peut être excusé par le motif que l'alignement aurait » été donné verbalement. » (Avis du comité de l'intérieur du Conseil d'Etat, du 14 novembre 1823; Arrêts de la Cour de cassation, des 19 et 31 juillet 1838; Ecole des communes, page 157, 1840.)

Les propriétaires riverains s'exposeraient donc, en faisant une construction quelconque, sans être parfaitement en règle. Non-seulement ils doivent demander un autorisation écrite (1), mais encore ils doivent

(1) Aux termes de l'article 24 de la loi du 13 brumaire an VII, MM. les maires ne pouvant donner d'expéditions de leurs actes, que sur du papier au timbre de 1 fr. 25 cent., ils s'exposeraient à encourir une amende, s'ils délivraient, sur papier ordinaire, une autorisation de construire sur ou joignant la voie publique.

s'assurer que cette autorisation donnée sous forme d'arrêté, a été transcrite sur le registre à ce destiné (1).

Nous n'avons parlé jusqu'à présent, que des propriétaires riverains; mais les ouvriers qu'ils emploient sont, comme eux, passibles d'une peine de police, quand ils effectuent des constructions sur la voie publique, sans s'être préalablement assurés que le propriétaire pour le compte duquel ils travaillent, a obtenu l'autorisation exigée; ils ne peuvent être renvoyés des poursuites, sur le motif qu'ils n'ont contrevenu à l'arrêté de l'autorité municipale, que par l'ordre du propriétaire, et que, hors le cas où l'intention de nuire est évidente, l'ouvrier n'est pas autorisé à vérifier les droits du maître à l'œuvre auquel il l'emploie. (Arrêt de la Cour de cassation, du 12 novembre 1840.)

MM. les maires, pour leur propre tranquillité, et dans l'intérêt de leurs administrés, ne devraient jamais négliger de remplir, à cet égard, toutes les formalités prescrites, puisque, comme nous venons de le voir, le défaut d'accomplissement d'une seule, peut donner lieu aux plus graves inconvénients, surtout en présence des termes de l'arrêt du Conseil d'Etat, du 16 juillet 1840, qui décide *que l'existence de constructions élevées sans autorisation et sujettes à reculement*, constitue une infraction permanente dont la répression peut être poursuivie, *quel que soit le temps écoulé* depuis leur établissement.

Seulement, dans le cas où la contravention serait antérieure de plus d'une année au procès-verbal, par lequel elle aurait été constatée, il n'y aurait pas lieu d'appliquer l'amende, le propriétaire profitant du bénéfice de l'article 640 du Code d'instruction criminelle. (Cour de cassation, 23 mai 1835; Conseil d'Etat, 23 décembre 1844; Lebon, page 668.)

Mais, comme les maires ont le droit, quand les circonstances l'exigent, de faire des injonctions par arrêtés individuels, et que ces injonctions sous forme d'arrêtés sont obligatoires pour l'individu qu'elles concernent, s'ils sont pris dans les limites du pouvoir municipal, — Arrêt de la Cour de cassation du 8 octobre 1836, — on pourrait, s'il s'agissait d'une construction établie contrairement à un aligne-

(1) Ils feraient encore mieux, en exigeant une expédition de l'arrêté. (Voir le modèle de cet arrêté n° 7).

ment, obtenir que satisfaction fût accordée à l'intérêt général, puisqu'il suffirait d'une simple injonction sous forme d'arrêté, pour rendre à l'administration municipale, le droit qu'elle aurait laissé prescrire.

Cela résulte explicitement de la combinaison de l'arrêt du Conseil d'Etat, du 16 juillet 1840, et de celui de la Cour de cassation que nous venons de citer (1).

Celui-là fait un usage licite de sa propriété, qui travaille dans l'intérieur de l'enceinte que forme la clôture extérieure du mur de façade de son bâtiment sur la voie publique, et il n'est assujéti à aucune action de la part de la police. (Cassation, arrêts du 25 juillet 1829; S. 29, 1, 302, du 24 novembre 1837; S. 37, 1, 962, et du 17 mai 1838; S. 38, 1, 932.)

Toutefois, si les constructions élevées étaient faites dans le but de remplacer la clôture ancienne, de se soustraire ainsi aux effets de la servitude légale dérivant de l'exécution d'un plan d'alignement, elles constitueraient une contravention, et les tribunaux de police ne pourraient se dispenser de prononcer l'application des peines d'amende et de démolition encourues dans les cas ordinaires. (Cassation, arrêts du 4 mai 1833; S. 33, 1, 465, et du 25 juillet 1829 déjà cité; M. Gand, page 467.)

Ces décisions sont conformes à la jurisprudence constante du Conseil d'Etat, de laquelle il résulte que l'on peut, sans autorisation préalable, exécuter des travaux dans l'intérieur des maisons bordant les routes, même sur la partie retranchable, pourvu que ces travaux ne confortent pas le mur de face; mais que l'administration a le droit, en tout temps, de vérifier si ces travaux faits, sans autorisation préalable, ont un caractère confortatif; et, dans ce cas, la démolition doit être ordonnée. (Arrêts des 1er septembre 1832, 12 décembre 1834, 6 février et 12 juillet 1837, et enfin 25 février 1841.) (2)

(1) Dans le même sens, arrêt de la Cour du 21 juin 1844, page 142.

(2) Les tribunaux saisis d'une action en contravention à un alignement, résultant de travaux prétendus confortatifs, n'ont pas qualité pour vérifier la nature de ces travaux. (Cassation, arrêt du 16 juillet 1840; S. 40, 1, 745.)

Mais, si le prévenu oppose que les travaux ne sont pas confortatifs, le tribunal

Il semblerait résulter de là que les peines d'amende ou de démolition ne sont encourues, que dans le cas où il existe un plan d'alignement arrêté; c'est en effet, dans ce cas-là seulement, que les propriétaires peuvent être considérés comme ayant agi en vue d'éluder les prescriptions de la loi; mais je pense que cette conséquence implicite ne serait pas admise par les tribunaux qui, à défaut de réglement spécial, prononcent conformément à l'ordonnance de 1607.

Un propriétaire pourrait se croire autorisé à construire, sans autorisation préalable, parce que sa construction donnerait à la rue plus de largeur qu'elle n'en avait précédemment ; ce serait une erreur : il y aurait toujours contravention, sinon à un alignement donné, du moins aux dispositions de l'ordonnance de 1607. (Cassation ; arrêts des 5 octobre 1834. S. 35, 1, 239 et 15 mai 1835. S. 35, 1, 801), et le tribunal de police qui prononce une amende contre un individu qui a fait exécuter, sans autorisation du maire, des travaux confortatifs à la façade de sa maison, située sur la voie publique, ne peut, en se fondant sur ce que cette maison se trouve *en retraite* de l'alignement arrêté, se dispenser d'ordonner la destruction des travaux. (Cour de cassation; arrêt du 26 septembre 1840.)

Le Conseil d'Etat a prononcé dans le même sens (17 juin 1818, S. 18, 2, 327), en décidant qu'il ne suffit pas qu'une construction nouvelle, faite sans autorisation préalable, fût en dehors de l'alignement pour échapper à la démolition ; il *faudrait qu'elle fût sur la ligne indiquée* (1).

Il peut arriver qu'il n'y ait pas d'alignement déterminé, et, dans ce cas-là, l'autorité municipale, qui aurait fait constater la contravention, pourrait toujours prétendre que la construction n'est pas établie sur la

peut surseoir jusqu'à ce que l'administration ait prononcé sur l'exception préjudicielle. (Arrêt du 27 février 1837, S. 38, 1, 95; M. Gand, page 466 ; arrêt dans le même sens, 17 janvier 1840.)

(1) La décision ministérielle qui annulle un arrêté d'alignement, pris par le préfet, ne peut, quelle que puisse être d'ailleurs son autorité, donner le caractère d'une contravention, à une construction régulièrement faite avant la révocation de l'arrêté préfectoral qui a donné l'alignement. (Arrêt du Conseil d'Etat, du 16 avril 1851.)

Il doit en être de même sans aucun doute, d'une décision régulière du maire.

ligne qui aurait été tracée, si le propriétaire avait demandé l'autorisation de construire, et le juge de paix devrait, à la rigueur, comme nous l'avons dit précédemment, prononcer les peines prévues ; mais il nous paraîtrait faire un acte de prudence, en accordant au contrevenant, le délai nécessaire pour soumettre la question au Préfet, à qui le droit de reformation est attribué par l'article 46 du titre 1er de la loi du 22 juillet 1791.

On paraît généralement croire, dans la plupart des communes, que les réglements de voirie ne devraient avoir pour effet, que de donner aux voies publiques leur largeur légale; nous pensons que c'est une erreur : l'alignement ne doit pas être seulement un moyen d'obtenir l'élargissement des traverses ou de rues quelconques ; il doit avoir pour effet d'assurer leur embellissement et leur régularité. Telles sont, du moins, les dispositions de l'édit de 1607, qui prescrit au grand-voyer, en donnant les alignements, *de redresser les murs où il y a plis ou coudes, et de pourvoir à ce que ces rues embellissent, s'élargissent au mieux que faire se pourra.*

Mais, il n'est guère possible d'atteindre ce but sans un plan d'alignement qui fixe, d'une manière invariable, les largeurs et les directions des rues, parce que le maire qui peut aujourd'hui donner un alignement d'après ses vues particulières, se trouvera demain dans l'impossibilité de le faire, sans se créer des embarras inextricables. Si, par extraordinaire, un maire a assez de force pour résister aux obsessions dont il sera accablé, pour suivre les bases du plan qu'il aura adopté, il viendra un peu plus tôt ou un peu plus tard à cesser ses fonctions, et son successeur sera libre d'adopter un système tout contraire ; il est naturel de conclure de là qu'un plan d'alignement est indispensable, dans une commune où l'on tient à rendre la tâche de l'administration plus facile, où l'on désire en même temps voir régner la concorde et l'union, où l'on veut enfin se soustraire à des actes arbitraires.

Les conseils municipaux refusent souvent d'allouer les fonds nécessaires pour la confection d'un plan d'alignement, sous prétexte que les communes n'ont pas de ressources suffisantes. Je dirai, à cet égard, que ce motif de refus n'est que spécieux, parce qu'il n'y a pas de commune si pauvre qu'elle soit, qui ne puisse subvenir aux frais qu'occasionne la confection d'un plan d'alignement.

A défaut de ressources ordinaires, d'ailleurs, elles peuvent s'en créer en établissant des droits de voirie ; toutefois, ces perceptions ne peuvent être autorisées que par des ordonnances royales. (Loi du 18 juillet 1837; articles 31 et 43).

Ces droits de voirie peuvent être établis pour toutes les saillies et tous les alignements en général.

En ce qui concerne les gouttières saillantes, peu d'administrateurs me paraissent connaître leurs droits; car je remarque que l'on construit partout, sans qu'il soit fait une seule observation aux propriétaires ; cependant, les maires peuvent en demander la suppression (Arrêt de la Cour de cassation, du 14 novembre 1843); ou bien, comme nous venons de le dire, faire payer un droit, au profit des communes, par les riverains qui voudraient en établir à l'avenir ou conserver celles qui existent.

Elagage. — L'ombrage que projettent les plantations existant sur le bord des chemins, en empêche l'assèchement, les rend, par conséquent, difficiles à entretenir, et occasionne généralement en pure perte, de grandes dépenses aux communes; il est donc important de veiller à ce que, sur toutes les voies publiques, les haies et les arbres soient coupés de manière à ce qu'aucune branche ne dépasse la ligne d'aplomb correspondant au bord extérieur du chemin ou du fossé. Il est également indispensable que les haies soient réduites à une hauteur telle qu'elles n'interceptent pas les rayons du soleil, pendant les trois quarts de la journée, et qu'elles n'empêchent pas, en tout temps, la circulation de l'air (1).

A cet égard, l'administration a des droits qui n'ont jamais été mis en question; mais elle doit veiller avec soin à ce que ses prescriptions ne puissent être éludées.

(1) Dans la plupart des départements, on a pris de sages mesures à cet égard en ordonnant aux riverains de réduire leurs haies à $2^{m},00$ au-dessus du sol naturel des terrains adjacents, quand le chemin se trouve en contre-bas, et à $2^{m},00$ c. au-dessus des chemins, dans le cas contraire.

Il en est de même du recepage des racines qui avancent sur la voie publique, qui la rétrécissent et gênent la circulation.

Si les droits de l'administration ne sont jamais contestés, tant qu'il est question des chemins considérés dans les limites déterminées par les arrêtés de classement, il n'en est pas ainsi quand il s'agit des haies qui se trouvent en arrière des limites assignées au chemin. Cependant, le droit de l'administration reste entier dans ce cas-là comme dans l'autre, puisque aux termes de l'article 6 de la loi du 9 ventôse an XIII, l'on ne doit faire aucun changement aux chemins qui excèdent la largeur de 6^{m},00, à moins qu'il n'en ait été autrement ordonné, et qu'ainsi, une voie publique, quelque largeur qui lui ait été attribuée par l'arrêté de classement, n'a pu perdre son caractère dans aucune de ses parties, qu'après l'accomplissement des formalités nécessaires.

Jusque-là, elle est entièrement voie publique et doit, par conséquent, être régie par les lois spéciales.

Mais, en admettant même qu'il fût seulement question d'un terrain communal, on pourrait toujours exiger l'élagage des arbres et des haies, et le recepage des racines, et cela conformément aux dispositions de l'article 672 du Code civil, parce que l'on rentrerait alors dans le droit commun.

C'est là un principe de saine raison, qui cependant a été souvent contesté.

Quelques juges de paix avaient cru pouvoir réduire arbitrairement le chiffre des mémoires fournis par les ouvriers employés d'office aux élagages ; mais, depuis 1847, les mémoires dont il s'agit étant rendus exécutoires par le préfet, et le recouvrement des frais poursuivi devant l'autorité judiciaire, il n'existe plus de difficultés. Il peut en résulter, il est vrai, que les frais soient beaucoup plus considérables ; mais, comme il dépend toujours des riverains que l'élagage ne puisse être exécuté d'office, ils ne doivent s'en prendre qu'à eux, si leur négligence ou leur mauvaise volonté leur occasionne quelques désagréments. — Lettre du ministre de l'intérieur, au préfet de l'Oise, 12 mai 1847. —

Les immunités dont le sol des bois soumis au régime forestier est l'objet, ne peuvent former obstacle à l'élagage, ni en général à l'exécution de travaux réclamés par le besoin de la circulation; mais, ainsi que nous l'avons dit, il y a préalablement des formalités à remplir; ne pas le faire, ce serait s'exposer à de graves inconvénients, parce que l'on serait passible de peines correctionnelles. (Arrêt de la Cour de cassation, du 29 mars 1841.)

L'article 150 du Code forestier restrictif de l'article 672 du Code civil, et d'après lequel ne peut être exigé l'élagage des arbres de lisière ayant plus de 30 ans, n'est relatif qu'à la propriété privée; un propriétaire ne peut en invoquer le bénéfice pour négliger de se conformer à un arrêté préfectoral prescrivant l'élagage des arbres riverains des chemins vicinaux. — Cassation, 5 septembre 1845. —

Ecoulement des eaux. — Dans son instruction du 24 juin 1836, M. le ministre dit « que l'écoulement des eaux est une matière qui peut » difficilement être réglementée par voie de dispositions générales. » Il ajoute que le Code civil contient, à cet égard, des principes dont » il n'est pas permis de s'écarter. »

Dans la partie de cet ouvrage qui traite la question des eaux, les principes dont il s'agit, sont développés autant que le permet le cadre très restreint que je me suis tracé; aussi ne rappellerai-je ici que les décisions qui s'appliquent exclusivement aux voies de communication en général :

» Un préfet peut homologuer un arrêté municipal prescrivant au » propriétaire d'un moulin, dont le canal de décharge longe un che- » min, de réparer ce canal à ses frais, de reconstruire le mur de sou- » tènement du chemin et d'établir un parapet; ce sont là des mesures » de police et de sûreté qui n'excèdent pas sa compétence, et qui, en » conséquence, ne peuvent être déférées au Conseil d'Etat, avant d'avoir » été soumises au ministre de l'intérieur. (Conseil d'Etat, 4 juin 1823).

» Lorsqu'une route jouit pour son assainissement, d'une servitude » d'écoulement d'eaux, au travers des murs d'une propriété, au moyen » de tuyaux, le propriétaire de ces murs ne peut boucher les tuyaux » et intercepter ainsi le passage des eaux. (Conseil d'Etat, 6 septembre » 1826.)

» Lorsqu'un propriétaire fait refluer les eaux pluviales d'une route, » par des travaux exécutés sur son fonds et qu'il occasionne ainsi des

» dégradations, il commet une contravention. (Conseil d'Etat, 25 avril » 1833.)

» L'usage, même immémorial, où est un propriétaire de se servir » des eaux qui coulent le long d'un chemin vicinal, ne l'autorise pas » à les y faire déverser, en les dérivant de leurs cours naturel, afin » d'arroser son héritage.

» La dégradation de ce chemin, provenant du déversement de ces » eaux, constitue une contravention. (Cour de cassation, 3 octobre » 1835.)

» L'administration non plus ne peut être obligée à souffrir sur les » routes, le jet des eaux ménagères et industrielles, par la raison qu'il » pourrait arriver fréquemment que, privées d'un écoulement régu- » lier, ces eaux, en s'accumulant, y compromettraient la viabilité et » la salubrité, qui sont les deux premiers besoins des voies de commu- » nication. » (Traité de la législation des travaux publics et de la voirie en France, par M. Armand Husson.)

La plupart des réglements généraux sur l'exécution de la loi du 21 mai 1836, contiennent de sages dispositions à ce sujet. Si l'on veille avec soin à leur exécution, en évitant, toutefois, d'aggraver la servitude des fonds inférieurs, on pourra satisfaire à toutes les exigences de salubrité et d'une bonne viabilité.

J'ai plusieurs fois obtenu le détournement du lit d'une rivière ou d'un ruisseau, pour des motifs de convenance ou de régularité; jamais les propriétaires intéressés ne m'ont fait à ce sujet aucune opposition; mais j'ai toujours partagé, sous ce rapport, l'opinion émise par MM. Bannerot, avocat, et Hogard, agent-voyer-directeur des Vosges, dans l'ouvrage remarquable qu'ils ont récemment publié sous le titre de *Code annoté des chemins vicinaux*.

On lit dans cet ouvrage, pages 155 et 156, n° 59 : « M. de Cormenin pense que le préfet est compétent pour provoquer, pour cause » d'utilité régulièrement constatée, sauf indemnité, s'il y a lieu, le » changement du lit actuel d'un ruisseau ou la cession d'une usine. » (*Droit administratif*, p. 552.)

Les auteurs rapportent, à l'appui de cette citation, un jugement du tribunal du Hâvre, confirmé par la Cour royale de Rouen, le 6 juin

1836, par lequel on reconnaît au Préfet de la Seine-Inférieure, le droit, sauf indemnité, d'ordonner que les eaux de la route royale de Paris au Hâvre, dans la traverse du bourg d'Ingouville, soient dirigées dans un fossé ouvert sur une propriété particulière (1).

Ils concluent de là (page 158) : 1° *que le préfet, pour le bon entretien, pour la conservation, pour la construction des chemins vicinaux, a le droit d'ordonner le changement de lit d'un ruisseau;*

2° *Qu'il y a lieu à indemnité, lorsque ce changement occasionne un dommage, un préjudice, soit permanent, soit temporaire.*

Fossés. — Quand il s'agit seulement de l'établissement de nouveaux fossés, le long des chemins vicinaux, il ne peut exister la moindre difficulté ; les droits de l'administration, à cet égard, sont nettement établis. Voici, en effet, ce que dit à ce sujet, le ministre de l'intérieur dans son instruction du 24 juin 1836 :

« L'établissement de fossés, le long des chemins vicinaux, est » presque partout une condition inséparable de tout système d'entre- » tien des chemins..... L'administration avait pourtant été entravée, » jusqu'à présent, pour ordonner l'établissement des fossés.

» La loi du 21 mai 1836 a rempli une lacune dont le service des » chemins vicinaux avait trop à souffrir. En attribuant aux préfets, le » droit de donner aux chemins vicinaux, toute la largeur qui leur est » nécessaire, la loi leur a évidemment permis de comprendre dans » les limites de ces voies de communication, les terrains nécessaires » pour les fossés, partout où il sera indispensable d'en creuser (2). Ce » n'est donc pas simplement comme annexes, c'est comme parties » intégrantes du chemin, que les fossés doivent être considérés. Ils » font partie du sol, et les anticipations qui tendraient à les rétrécir, à » les faire disparaître, doivent être poursuivies de la même manière » que l'usurpation sur le sol même des chemins. »

(1) Le Conseil d'Etat a prononcé dans le même sens, par arrêt du 6 décembre 1844. (Lebon, page 649.)

(2) On verra tout à l'heure que, même avant la promulgation de la loi du 21 mai 1836, les préfets avaient le droit, suivant la jurisprudence du Conseil d'Etat, de comprendre dans le classement des chemins, non-seulement les chemins eux-mêmes, mais encore les fossés.

Ces dispositions sont tellement précises, qu'il ne peut y avoir lieu à aucune incertitude à ce sujet. Mais il n'en est pas ainsi, pour les fossés existant le long des chemins, de temps immémorial, dans les pays de bocage surtout.

Doit-on, dans ce cas, s'en rapporter entièrement aux dispositions des articles 666, 667 et 668 du Code civil ? Je ne le pense pas, et je ne suis pas le seul de cet avis.

Dans une circulaire du 27 prairial an XIII, le ministre de l'intérieur disait que les fossés bordant des chemins et les routes en général, faisaient partie de ces chemins ou routes. D'un autre côté, je lis ce qui suit, dans le *Courrier des Communes :*

« Les fossés longeant un chemin vicinal et le limitant à droite et à » gauche dans le sens de sa longueur, ne forment qu'une dépendance » du chemin, et sont, comme lui, la propriété de la commune, à » moins qu'il n'y ait titre contraire, ou possession suffisante pour en » opérer la prescription. » (1834, page 326 ; 1835, page 327 ; 1838, page 306.)

Il résulte, d'ailleurs, des termes d'un arrêt du Conseil d'Etat, du 30 juin 1839, que même avant la loi du 21 mai 1836, l'administration avait le droit, comme depuis, de comprendre dans le classement des chemins, non-seulement les chemins eux-mêmes, mais encore les fossés.

D'où je crois pouvoir conclure que les fossés existant le long des chemins vicinaux, lors de la promulgation de la loi du 21 mai 1836, faisaient généralement partie intégrante des chemins, et qu'ils sont bien la propriété des communes, s'il n'y a titre contraire.

Pour reconnaître, en effet, combien peu les dispositions de l'article 668 du Code civil, paraissent applicables aux chemins, il suffira de se reporter à l'arrêt du Conseil d'Etat, du 6 février 1776, qui enjoignait aux propriétaires riverains des chemins de curer les fossés et d'en jeter le résidu, sur leur héritage, ce qui a pu former par le curage successif, ce que l'on appelle le rejet qui n'existait pas alors par suite d'un droit, mais bien d'une servitude assez onéreuse.

Dans tous les cas, quand ils reçoivent les eaux du chemin, c'est une servitude à laquelle on ne peut se soustraire.

Carrières. — Les arrêts du Conseil des 14 mars 1741 et 5 avril 1772, et l'ordonnance du 17 mars 1780, ont fixé à 30 toises, la distance à laquelle on pouvait ouvrir des carrières le long des routes et des chemins publics, et un arrêté du gouvernement du 17 janvier 1849, a consacré cette jurisprudence; mais ces mesures législatives ne paraissent pas s'appliquer aux chemins vicinaux. En effet, une déclaration du roi du 7 mars 1780, dispose que la distance de 30 toises sera réduite à 8 le long des chemins de traverse, et sous le nom de chemins de traverse, on désignait très probablement les voies de communication que l'on appelle aujourd'hui chemins vicinaux.

Cette opinion a été partagée dans un certain nombre de départements où les réglements faits en exécution de l'article 21 de la loi du 21 mai 1836, portent que nulle excavation ne pourra être pratiquée à moins de 15^{m} du bord des chemins vicinaux.

Cette mesure, que l'on ne peut qu'approuver, paraît cependant être en contradiction avec les dispositions du décret du 4 juillet 1813, relatif à l'exploitation des carrières dans les départements de la Seine et de Seine-et-Oise, dispositions d'après lesquelles l'exploitation d'une carrière peut être poursuivie jusqu'à la distance de 10^{m}00 des deux côtés des chemins à voitures, édifices et constructions quelconques ; mais, on reconnaît, après mûr examen de la question, que les chemins à voitures, dont il s'agit, ne sont que des chemins d'exploitations et qu'ainsi les règles établies par la législation spéciale, conservent toute leur force; d'où l'on peut conclure :

1° Qu'il n'est permis d'ouvrir de carrières qu'à 60^{m}00 des routes nationales ou départementales ;

2° Que cette distance se trouve réduite à 15^{m} pour les chemins vicinaux ;

3° Enfin, que pour les chemins ruraux, on doit adopter les bases du décret du 4 juillet 1813, lesquelles, aux termes de l'article 4, peuvent être étendues par une décision spéciale du ministre de l'intérieur, à toutes les localités où le nombre et l'importance des carrières en nécessiterait l'application.

Il semblerait résulter de là, qu'aucune carrière ne peut être ouverte à moins de 10^m de toute habitation ; mais, cette conséquence restrictive des droits que chaque propriétaire tient de l'article 645 du Code civil, ne peut être admise d'une manière absolue.

En effet, il y a telle circonstance où une propriété se trouvant close de toutes parts, il n'y aurait aucun inconvénient à ouvrir une carrière à une distance égale à la profondeur de la fouille. En admettant que cette profondeur soit de 6^m00 seulement, il y aurait trop de sévérité à exiger que le propriétaire s'arrêtât à 10^m00 de telle ou telle construction qui se trouverait à moins de 10^m de distance.

Il y aurait une circonstance dans laquelle l'administration devrait apporter la plus grande prudence, ce serait dans le cas où il y aurait nécessité de faire sauter des mines. Il faudrait, pour prévenir les accidents, s'assurer à quelle distance pourraient parvenir les éclats de pierres, et fixer, d'après l'expérience faite, le point où pourrait avoir lieu l'exploitation. Il y aurait en outre à imposer l'obligation de ne faire sauter les mines qu'à des heures fixes, indiquées au public, et après avoir averti les voisins à son de cloche, de caisse ou de trompe, dix minutes au moins avant l'explosion.

Toutes ces mesures seraient légales. Elles sont autorisées non-seulement par les lois qui précèdent, mais par celles qui chargent les administrations municipales de veiller à la sécurité publique. (16-24 août 1790, 19-22 juillet 1791.)

APPENDICE.

RÈGLES APPLICABLES AUX CONTESTATIONS QUI PEUVENT S'ÉLEVER ENTRE LES COMMUNES ET LES ADJUDICATAIRES A L'OCCASION DE L'INTERPRÉTATION DU CAHIER DES CHARGES, DE L'EXÉCUTION DES TRAVAUX OU RÈGLEMENTS DES DÉCOMPTES D'ENTREPRISE.

—

La loi du 21 mai 1836 n'a rien innové à ce sujet; et dans l'instruction du 24 juin suivant, le ministre n'en dit que quelques mots. Je crois donc faire une chose utile, en indiquant les règles à suivre quand il s'élève des contestations de la nature de celles dont il s'agit.

On a vu, (1) que quand il est question de dommages occasionnés à une commune par un entrepreneur, ce dernier était justiciable du Conseil de préfecture; mais le cas n'est pas le même, et, cependant, c'est encore ce tribunal qui doit prononcer.

On comprend aisément combien cette manière de procéder offre d'avantages aux deux parties qui n'ont ainsi aucun débours, aucune démarche à faire, pour obtenir prompte et bonne justice.

Je ne m'occuperai pas de discuter plus longuement la question ; je rapporterai seulement les décisions qui ont fixé ce point de jurisprudence, et celles qui ont été rendues pour certains cas particuliers.

Voici comment s'exprime le ministre de l'intérieur, dans l'instruction dont il vient d'être parlé :

« Je ne vous ai rien dit, jusqu'à présent, M. le préfet, des travaux » qui pourront se faire à prix d'argent, sur le montant des cotes qui » seront exigibles en argent. Ce sont alors des travaux communaux de » la même nature que ceux que les communes ont à faire exécuter ; ils » doivent, selon les cas et selon leur importance, être précédés de » devis, d'adjudications, de toutes les formes, enfin, applicables » aux travaux, et dont les règles vous sont trop familières pour que » je doive entrer dans aucun détail à cet égard. »

Il n'y a là aucune forme indiquée, aucune règle certaine ; aussi, existe-t-il encore, dans l'esprit de certaines personnes, quelque incertitude sur la question de savoir quelle est l'autorité appelée à prononcer sur les contestations qui peuvent s'élever, à l'occasion des travaux, entre les communes et les entrepreneurs.

Cependant la jurisprudence est maintenant établie d'une manière invariable, et il est admis par le Conseil d'Etat comme par la Cour de cassation, que l'article 4 de la loi du 28 pluviôse an VIII, est applicable à toutes les contestations, quelle qu'en soit la nature, auxquelles peuvent donner lieu les travaux exécutés sur les chemins, considérés aujourd'hui comme d'utilité publique, par les deux cours souveraines.

(1) Page 122.

Mais, je le répète, j'ai déjà traité la question, en tant qu'il ne s'agit que des contestations qui s'élèvent à l'occasion des dommages; je ne m'en occuperai donc ici, que sous le rapport de la comptabilité et du réglement des décomptes d'entreprise.

La première décision intervenue à ce sujet, est un décret du 30 janvier 1809, ainsi conçu : « Considérant que l'autorité administrative est seule compétente pour statuer sur les contestations qui » peuvent naître à raison de la recherche et de la réparation des » chemins vicinaux; considérant que le sieur Lateulère n'a pu changer la compétence établie à cet égard par les lois, en consentant à » faire juger la contestation par les arbitres, etc. »

Dans le même sens, arrêtés des 13 juillet 1825, 9 novembre 1836, 11 et 17 août 1841.

Ces décisions ne s'appliquent pas seulement aux chemins vicinaux, mais aussi à la plupart des travaux communaux tels que la construction d'une église, d'une halle, d'une fontaine, d'une mairie, auxquels des décisions récentes ont reconnu le caractère de *travaux publics*. — Ordonnances royales des 30 décembre 1843 et 28 août 1844, et, enfin, un arrêt de la Cour de cassation, du 29 août 1839. —

Voici quelques décisions applicables à divers cas particuliers.

Un entrepreneur n'est pas responsable de la destruction des travaux par lui faits, lorsqu'elle provient non de mal façon, mais de faits qui sont étrangers. (Arrêt du Conseil du 13 mars 1840.)

Lorsqu'un entrepreneur a accepté purement et simplement le décompte définitif de ses travaux, ses réclamations contre le décompte ne sont plus recevables (19 mars 1840).

Lorsqu'un entrepreneur a fait des réserves d'une manière générale, dans l'acceptation de son décompte, il n'en est pas moins tenu de présenter dans le délai de dix jours, des réclamations spécifiées et motivées (19 mars 1840).

Lorsqu'un entrepreneur ne s'est pas conformé, dans l'exécution de ses travaux, aux prescriptions du devis, et qu'il ne justifie pas d'ordres écrits qui l'y aient autorisé, il n'a pas droit à ce qu'il lui soit tenu compte de l'augmentation des dépenses (19 mars 1840).

Lorsqu'une régie a été *irrégulièrement* prononcée, l'entrepreneur ne doit supporter de déduction, sur son prix d'adjudication, que pour la somme correspondant, d'après le taux de l'adjudication, à la partie des travaux exécutés en régie. (23 avril 1840).

En cas de résiliation d'une entreprise, l'administration n'est tenue de prendre, pour son compte, que les matériaux approvisionnés par ses ordres (8 juillet 1840). Il résulte du même arrêt qu'un entrepreneur ne peut se refuser, lors du mesurage des travaux, au mode dont l'application a été stipulée dans le devis.

Lorsque l'administration a dû faire une réadjudication à la folle enchère, elle n'est tenue de prendre, à l'entrepreneur, ni ses outils, ni ses équipages, ni ses matériaux (13 août 1840).

Lorsque l'administration a ordonné une suspension d'ouvrages pour faire examiner si les travaux exécutés pourraient être conservés, malgré les mal-façons commises, il n'est pas dû d'indemnité à l'entrepreneur pour le fait de cette suspension (29 novembre 1840).

Les entrepreneurs doivent fournir leurs réclamations contre le décompte de leurs travaux, dans le délai de dix jours, à peine de déchéance (26 décembre 1840).

Lorsque des sous-détails établis pour être appliqués à des ouvrages imprévus, se composent soit d'éléments tirés des sous-détails primitifs, soit d'éléments puisés dans des expériences, mais qui ont été élevésdu montant du rabais de l'adjudication, le prix résultant de ces nouveaux sous-détails, doit subir ledit rabais (2 juin 1843).

Les Conseils de préfecture sont compétents pour statuer sur le droit que les entrepreneurs réclament, en vertu de leur cahier de charges ou des lois ou des réglements, à l'effet de fouiller des terrains pour extraire des matériaux (30 mai 1844).

L'entrepreneur qui fait des fouilles dans les propriétés privées pour l'extraction de matériaux, à charge d'indemnité, doit, s'il n'a pas fait des offres suffisantes, avant l'instance engagée, devant le Conseil de préfecture, être condamné aux dépens de cette instance (20 juin 1844).

Les Conseils de préfectures sont seuls compétents pour connaître du différent qui s'élève, entre les entrepreneurs, et même entre les architectes et les communes, au sujet de la construction d'une église. — Arrêt du Conseil d'Etat, du 13 avril 1850. —

Le délai de garantie court non pas de la date du procès-verbal de réception, mais du jour de l'achèvement des travaux et de la mise en possession du propriétaire. — Même arrêt. —

En matière de travaux publics, à défaut de stipulations contraires, il y a lieu de régler le prix des ouvrages nouveaux, par assimilation aux ouvrages analogues fixés au devis de l'entreprise. — Arrêt du Conseil d'Etat du 12 février 1850. —

Les réductions de crédit qui, par force majeure, entraînent la résiliation anticipée d'une entreprise de travaux, ne peuvent jamais donner lieu à une indemnité excédant 1/50me des travaux restant à exécuter d'après l'adjudication, quelque imprévue qu'ait été cette résiliation.

Les matériaux laissés dans les carrières ou dans les dépôts particuliers de l'entrepreneur, par cela même qu'ils sont placés hors des chantiers des travaux, ne peuvent, en cas de détérioration, donner lieu à indemnité. — Conseil d'Etat, arrêt du 16 février 1850. —

Chemins ruraux.

—

Il se trouve, en dehors des chemins vicinaux, dans toutes les communes, un assez grand nombre de voies de communication dont la suppression, bien qu'elles soient d'une importance moindre, ne serait pas sans inconvénient, soit parce que ces chemins donnent accès à une fontaine publique, à un abreuvoir, à un terrain communal, soit parce qu'ils sont nécessaires à l'exploitation de quelques propriétés riveraines. Ces voies de communication, appelées chemins ruraux, sont bien réellement des chemins publics, car elles servent ou peuvent servir à l'usage de tous et ne sont réclamées par personne à titre de propriété privée. L'autorité publique ne saurait donc rester étrangère au régime des chemins ruraux : elle doit surveillance et protection à cette partie de la propriété communale; mais, par cela seul que des dispositions législatives récentes ont statué sur tout ce qui a rapport aux chemins vicinaux, il a semblé en naître plus d'incertitude sur les droits et devoirs de l'autorité, en ce qui concerne les chemins non déclarés vicinaux, les chemins ruraux. Plusieurs questions ayant été soumises à cet égard à l'autorité supérieure, le Conseil d'Etat a été appelé à les examiner. Sur son avis et d'après la législation existante, M. le Ministre de l'intérieur a, par sa circulaire du 16 novembre 1839, prescrit à l'égard des chemins ruraux, différentes dispositions, en donnant des instructions pour en assurer l'exécution.

C'est à la loi des 16-24 août 1790, qu'il faut remonter pour trouver l'attribution donnée, en cette matière, à l'autorité administrative. L'article 8 du titre 2 de cette loi, comprend parmi les objets de police confiés à la vigilance et à l'autorité des corps municipaux, tout ce qui intéresse la sûreté et la commodité du passage dans les rues, quais, places et voies publiques. Aux termes de l'article précité, MM. les Maires peuvent donc et doivent même prescrire les mesures nécessaires pour assurer la sûreté et la commodité du passage sur les chemins ruraux. Les arrêtés réglementaires qu'ils ont à prendre à ce sujet sont exécutoires après l'accomplissement des formalités que prescrit l'article 11 de la loi du 18 juillet 1837 (1).

L'état général des chemins ruraux une fois rédigé et définitivement arrêté, fait titre pour la commune, parce que, à l'administration seule appartient le droit de décider si une voie de communication quelconque est un chemin public (Cour de cassation ; arrêt des 26 septembre et 11 octobre 1845), et le maire doit veiller à ce qu'il ne soit fait aucune anticipation sur le sol de ces chemins. Procès-verbal des contra-

(1) Cet article est ainsi conçu :

Le maire prend des arrêtés à l'effet :

1° D'ordonner les mesures locales sur les objets confiés par les lois à sa vigilance et à son autorité ;

2° De publier de nouveau les lois et réglements de police et de rappeler les citoyens à leur observation. Les arrêtés pris par le maire sont immédiatement adressés au sous-préfet. Le préfet peut les annuler ou en suspendre l'exécution.

Ceux de ces arrêtés qui portent réglement permanent ne seront exécutoires qu'un mois après la remise de l'ampliation constatée par les récépissés donnés par le sous-préfet.

ventions qui seraient commises, devrait être rédigé par ce fonctionnaire ou par les agents ayant qualité pour verbaliser sur les délits ruraux. Les contrevenants ne peuvent être relaxés sous le prétexte qu'un de ces chemins est une propriété particulière.

Le juge de paix doit surseoir à statuer jusqu'à ce que l'autorité administrative ait décidé la question. — Cassation. Arrêts des 26 septembre et 11 novembre 1845. —

Les procès-verbaux constatant des anticipations sur les chemins ruraux doivent être déférés, non pas au Conseil de préfecture, qui n'est compétent que pour les chemins vicinaux, mais bien au tribunal de simple police, pour être fait application du paragraphe 11 de l'article 479 du Code pénal, qui condamne à 5 francs d'amende ceux qui auront usurpé sur la largeur des chemins publics.

Les dégradations commises sur les chemins ruraux, enlèvements de pierres, de terre ou de gazon, tout ce qui tend enfin à nuire à la sûreté et à la commodité du passage, doivent également être constatés par procès-verbaux des mêmes fonctionnaires et agents, et poursuivis aussi devant le tribunal de simple police, pour l'application des mêmes articles du Code pénal.

Un autre genre d'obstacle qui nuit souvent à la liberté du passage sur les chemins ruraux, est celui résultant de l'excroissance des haies et des arbres plantés le long de ces chemins. L'autorité municipale a le droit comme le devoir d'y pourvoir, car cela rentre dans la série des mesures que la loi des 16-24 août 1790 l'autorise à prendre, pour assurer la sûreté et la commodité du passage sur les voies publiques. L'autorité administrative a [illegible] régler la distance du bord des chemins vicinaux à laquelle les haies et les arbres doivent être plantés, en vertu de la loi du 21 mai 1836; mais, pour les chemins ruraux, il existe des usages et même des réglements de police qui doivent être maintenus : en conséquence, si les racines des plantations faites le long des chemins ruraux anticipent sur le sol de ces chemins de manière à gêner la circulation, ou même à restreindre graduellement la largeur, le maire doit prendre un arrêté pour ordonner le recepage de ses racines. De même, si le branchage des haies ou des arbres, en s'avançant au-dessus des chemins ruraux, fait obstacle au libre passage des voitures, il doit en ordonner l'élagage; le refus d'obtempérer à ces arrêtés, serait constaté par procès-verbal, et déféré au tribunal de simple police. Comme il s'agirait d'un arrêté permanent, il devrait être soumis, pour être exécutoire, aux formes prescrites par l'article 11 de la loi du 18 juillet 1837 (1).

Quand les circonstances l'exigent, toutefois, l'autorité municipale a le droit de faire des injonctions en forme d'arrêtés lesquels sont obligatoires pour l'individu qu'ils concernent, si, du reste, ils sont pris dans les limites du pouvoir municipal. (Cour de cassation, arrêt du 8 octobre 1836).

Les ressources créées par la loi du 21 mai 1836, les prestations en nature, les centimes spéciaux et même les centimes extraordinaires qui seraient imposés en vertu de l'article 5 de la loi du 21 mai 1836, sont exclusivement affectés à la réparation et à l'entretien des chemins vicinaux. Ce n'est qu'en vue de ces chemins que le législateur a autorisé l'assiette et le recouvrement de ces impositions diverses, et aucune partie de ces ressources ne saurait être détournée pour être employée sur des chemins non classés (2).

On a demandé si, dans l'impossibilité d'user, pour l'entretien des chemins ruraux, des ressources réservées aux chemins vicinaux, l'autorité n'aurait pas le droit d'astreindre à pourvoir à cet entretien, les sections de communes, ou, pour parler plus exactement, les propriétaires à qui ces chemins ruraux sont nécessaires pour l'exploitation de leurs terres.

L'absence de toute disposition légale sert de réponse à cette question.

(1) Voir pour l'arrêté à prendre, le modèle n° 8.

(2) « Je ne terminerai cependant pas ce qui a rapport aux travaux, dit le mi-
» nistre dans son instruction du 24 juin 1836, sans vous rappeler encore, et sans
» vous inviter à bien faire connaître aux maires, qu'aucune partie des fonds com-
» munaux ou des prestations en nature, ne doit être employée sur des chemins
» qui n'auraient pas le caractère voulu par la loi du 21 mai 1836, c'est-à-dire
» qui n'auraient pas été légalement reconnus par un arrêté du préfet. Tout em-
» ploi, soit de fonds, soit de prestation, sur un chemin non légalement reconnu,
» pourrait donner lieu, contre le fonctionnaire qui l'aurait ordonné, à une accu-
» sation de détournement de fonds, ou au moins à une action en réintégration de
» fonds illégalement employés. — Il en serait de même de l'emploi à d'autres
» travaux des fonds destinés à la réparation des chemins vicinaux. »

La loi du 21 mai 1836 a mis la réparation et l'entretien des chemins vicinaux à la charge des communes et a voulu qu'en cas d'insuffisance des revenus communaux, cette charge fût imposée directement aux citoyens au moyen de prestations en nature et de centimes spéciaux jusqu'à un maximum fixe; mais il n'existe pas de loi qui permette d'imposer aux citoyens, d'une manière obligatoire, l'entretien et la réparation des chemins non déclarés vicinaux. Il est à désirer, sans doute, que les particuliers qui fréquentent habituellement les chemins ruraux pour l'exploitation de leurs propriétés, comprennent assez bien leurs intérêts pour consentir volontairement à améliorer ces voies publiques et s'entendent entr'eux à cet effet; mais, l'autorité ne peut intervenir ni pour prescrire l'entretien, ni même pour rédiger ou rendre exécutoires les rôles des contributions volontaires en nature ou en argent que les propriétaires intéressés voudraient bien s'imposer; tout, dans ces travaux, doit être libre, en fait comme en droit.

Il n'est qu'un seul cas où il serait possible à l'administration municipale de faire quelque chose pour l'entretien des chemins ruraux : c'est celui où une commune peut entretenir ses chemins vicinaux avec ses seuls revenus, sans avoir recours aux prestations ni aux centimes spéciaux, et où, toutes ces dépenses obligatoires assurées, le conseil municipal voudrait affecter quelques fonds à l'entretien des chemins ruraux, sous l'approbation, bien entendu, de l'autorité qui règle le budget (1).

(1) Par deux décisions en date des 29 décembre 1846 et 26 janvier 1847, le gouvernement a refusé d'accorder aux communes de Berneuil et du Bois-de-l'Écu, l'autorisation de voter une surimposition dont le produit devait être affecté à la réparation des chemins ruraux. On doit conclure de là qu'à moins de se trouver dans une position tout-à-fait exceptionnelle, quant à ses revenus ordinaires, une commune ne peut faire aucune dépense sur ses chemins ruraux. Voici en quels termes est conçue la décision du ministre de l'intérieur, du 26 juillet 1847, relative à Berneuil :

« Monsieur le Préfet,

» J'ai soumis à l'examen du comité de l'intérieur, la demande formée par la
» commune de Berneuil, à l'effet d'être autorisée à s'imposer extraordinairement,
» 800 fr., pour réparer ses chemins ruraux et planter ses places vagues.

» Le comité considérant qu'en exécution de la loi du 21 mai 1836, les chemins
» vicinaux légalement reconnus, sont seuls à la charge des communes;

» Que l'avis du conseil d'État du 31 août 1839, a établi qu'il ne peut être

Si, par l'effet de quelque circonstance, un chemin rural venait à acquérir assez d'importance pour que son entretien fût indispensable ou seulement utile aux intérêts de la commune, on pourrait, en remplissant les formalités voulues, le comprendre dans la catégorie des chemins vicinaux, ce qui permettrait alors de pourvoir à son entretien avec les ressources créées par la loi du 21 mai 1836.

En résumé, l'action de l'autorité administrative, en ce qui concerne les chemins ruraux, n'est donc à-peu-près que préventive, c'est-à-dire qu'elle a pour objet de les défendre contre les anticipations et les dégradations, et de faire disparaître les obstacles qui seraient de nature à gêner la sûreté et la commodité du passage sur ces voies publiques ; toutefois, cette action préventive importe assez aux intérêts agricoles pour qu'elle doive être exercée avec suite et fermeté.

» affecté à l'entretien des chemins non classés, aucune des ressources affectées par
» la loi à l'entretien des chemins légalement reconnus et que c'est seulement
» après avoir pourvu à tous les services obligatoires, ce qui comprend celui des
» chemins vicinaux légalement reconnus, auquel dans ce cas, il doit être pourvu
» sans recourir à la ressource spéciale et complémentaire des prestations, que les
» conseils municipaux, sous l'approbation de l'autorité qui règle le budget et
» *seulement sur l'excédant des recettes ordinaires*, *peuvent voter* un crédit spécial
» pour subvenir aux frais d'entretien et de réparation des chemins non classés
» dont l'usage serait conservé au public ;

» Que la commune de Berneuil pourra facilement trouver parmi ses ressources
» ordinaires, la faible somme de 50 francs avec laquelle on doit payer la plan-
» tation des places vagues. »

» A été d'avis « qu'il n'y a pas lieu de donner suite au projet d'ordonnance. »

» Je vous renvoie, en conséquence, le dossier de cette affaire à laquelle je ne
» puis faire donner aucune suite. »

DÉPARTEMENT
de

ARRONDISSEMENT
de

COMMUNE
de

N° 1.

Notification à faire aux riverains qui doivent fournir du terrain pour l'élargissement des chemins.

A M. demeurant à

Monsieur,

Vous êtes informé que, pour donner au chemin de classé par arrêté de M. le préfet, en date du la largeur fixée par ledit arrêté, en suivant la direction déterminée par le plan approuvé le (1) il sera pris sur votre propriété située sur la rive dudit chemin, une parcelle de terrain d'une contenance de , pour laquelle la commune offre une indemnité de tout compris, et dont le détail suit :

ares centiares de terrain, à l'are, ci. . .
mètres courants de haie, l'un, ci. . .
arbres, à l'un (prix moyen), ci. . .
pour dommages résultant de ci. . .

TOTAL . . . .

Dans le cas où cette somme ne vous paraîtrait pas assez élevée, vous êtes prié de me faire connaître vos intentions, par écrit, dans le délai de huit jours (2), en désignant, en même temps, l'expert que vous aurez chosi pour procéder avec celui de la commune, conformément aux dispositions du 2e § de l'article 17 de la loi du 21 mai 1836.

Faute par vous d'obtempérer à mon invitation, dans le

(1) S'il n'y a pas eu de plan dressé, et que le chemin soit borné, on remplacera les mots : *par le plan approuvé*, etc, par ceux-ci : *par le procès-verbal d'abornement dressé le*

(2) Si le propriétaire du sol ne se trouvait pas sur les lieux, il faudrait accorder un délai proportionné à la distance entre le lieu de sa résidence et celui où s'exécuteraient les travaux.

délai prescrit, je considérerais votre silence comme une adhésion à mes propositions, et ferais procéder, sur votre propriété, à l'exécution des travaux d'élargissement dont il vient d'être question.

Je dois vous informer, en outre, que toute observation de votre part, étrangère à la fixation du montant de l'indemnité qui pourra vous êtes due, serait considérée comme non avenue et ne pourrait par conséquent faire obstacle à l'occupation du terrain.

A le 18

Le Maire,

Notifié par nous garde-champêtre de la commune de le 18

Le Garde-Champêtre.

DÉPARTEMENT

DE

CHEMIN VICINAL

de

à

COMMUNE

de

Réglement d'indemnité.

N° DU PLAN	
QUANTITÉ de terrain.	MONTANT de l'indemnité
a. c.	f. c.

N° 2.

Acte administratif de convention passé en exécution de l'article 15 de la loi du 21 mai 1836.

L'an mil huit cent cinquante- , le comparu devant nous Maire de la commune d

Lequel, après avoir pris connaissance de l'arrêté préfectoral du 185 , attribuant définitivement au chemin vicinal n° de à les terrains nécessaires à son élargissement sur le territoire d a déclaré accepter purement et simplement la somme de francs centimes, que nous lui avons offerte pour indemnité de la perte de de terrain sis au lieu dit tenant d'un bout au chemin précité, d'autre bout à d'un côté à et d'autre côté à laquelle propriété appartient au comparant, ainsi qu'il nous en a été justifié par la représentation de titres réguliers.

Aussitôt que la commune aura des fonds disponibles, le paiement de l'indemnité dont il s'agit, qui aura lieu sans intérêts, sera effectué, ainsi que nous maire de la commune d , soussigné, en prenons l'engagement audit nom, au moyen d'un mandat délivré directement, ou par voie de consignation dans les cas prévus par l'article 54 de la loi du 3 mai 1841.

Les titres de propriété de l'immeuble sus-désigné, n'ayant pu être remis, l'administration se réserve le droit de s'en faire aider quand elle le jugera à propos.

En foi de quoi le présent a été rédigé en double minute, avec la réserve qu'il ne sera valable qu'autant que les conditions relatives au montant de l'indemnité, auront été soumises au conseil municipal et approuvées par le préfet.

Et après lecture faite, nous avons signé avec

A les jour, mois et an que dessus.

DÉPARTEMENT

DE

CHEMIN

de

à

COMMUNE

de

Réglement d'indemnité.

N° DU PLAN	
QUANTITÉ de terrain.	MONTANT de l'indemnité
a. c.	f. c.

(1) Le long de la rue dite de.... ou sur la place dite....

N° 2 *bis.*

Acte administratif de convention pour cession de terrain, par suite d'alignement.

L'an mil huit cent cinquante- , le
comparu devant nous
Maire de la commune d

M.

Lequel après avoir pris connaissance de notre arrêté du par suite duquel il doit reculer ses constructions, a déclaré accepter purement et simplement la somme de que nous lui avons offerte pour la cession faite à la commune de de terrain situé (1)
tenant d'un côté à de l'autre à

Laquelle propriété appartient au comparant, ainsi qu'il nous en a été justifié par la représentation de titres réguliers.

Aussitôt que la commune aura des fonds disponibles, le paiement de l'indemnité dont il s'agit, qui aura lieu sans intérêts, sera effectué, ainsi que nous maire de la commune d , soussigné, en prenons l'engagement audit nom, au moyen d'un mandat délivré directement ou par voie de consignation dans les cas prévus par l'article 54 de la loi du 3 mai 1841.

Les titres de propriété de l'immeuble sus-désigné, n'ayant pu être remis, l'administration se réserve le droit de s'en faire aider quand elle le jugera à propos.

En foi de quoi le présent a été rédigé en double minute, avec la réserve qu'il ne sera valable qu'autant que les conditions relatives au montant de l'indemnité auront été soumises au conseil municipal et approuvées par le préfet.

Et après lecture faite, nous avons signé avec

A les jour, mois et an que dessus.

DÉPARTEMENT
de

ARRONDISSEMENT
de

COMMUNE
de

N° 3.

Notification à faire aux riverains quand il s'agit d'aliéner des relais des chemins.

A M. demeurant à

Monsieur,

Le conseil municipal de la commune de ayant, par sa délibération en date du consenti l'aliénation d'une parcelle de terrain d'une contenance de située le long du chemin de à près de votre propriété, et portée sur le plan dressé le par M. , sous le n° , vous êtes invité à déclarer, dans le délai de huit jours (1) à partir de la notification du présent avis, si vous êtes dans l'intention de profiter du bénéfice de l'article 19 de la loi du 21 mai 1836, en faisant la soumission de vous rendre acquéreur de ladite parcelle de terrain, au prix qui sera fixé conformément aux dispositions de l'article 17 de la loi précitée, par l'expert de la commune et celui que vous désignerez pour vous représenter.

Faute par vous d'obtempérer à mon invitation, je considérerais votre silence comme un refus et provoquerais la vente de ladite parcelle de terrain, aux enchères avec publicité et concurrence.

A , le 18 .

Le Maire,

Notifié par nous garde-champêtre de la commune de

A , le 18 .

Le Garde-Champêtre,

(1) On doit accorder un délai proportionné à la distance entre la demeure du propriétaire et la commune sur le territoire de laquelle est situé le terrain à vendre.

N° 4.

Soumission à faire par les riverains des parties d'un chemin vicinal qui a cessé de servir de voie de communication, par suite d'abandon ou de changement de direction.

Le soussigné (nom, prénoms et profession) demeurant à département de , informé que, par délibération en date du , le conseil municipal de la commune de , département de , a consenti l'aliénation d'une parcelle du chemin vicinal de à laquelle parcelle d'une contenance de ares centiares est portée sur le plan dressé le par M. , sous le n° , déclare être dans l'intention de profiter du bénéfice de l'article 19 de la loi du 21 mai 1836, en se rendant acquéreur de ladite parcelle du chemin.

Il s'engage à en payer la valeur, d'après l'estimation qui en sera faite, dans la forme déterminée par l'article 17 de la loi précitée, et désigne, dès à présent, comme expert, pour le représenter, M. (nom, prénoms et profession) demeurant à

A , le 18 .

N° 5.

Acte de vente pour les relais de chemin.

L'an mil huit cent cinquante- , le

Nous (nom et prénoms), maire de la commune de agissant en vertu de l'arrêté de M. le préfet en date du dont copie est ci-après transcrite (1), vendons, au nom de ladite commune, à M. (nom, prénoms, profession et domicile), qui l'accepte, la partie du chemin dit (désigner le nom du chemin), comprise depuis jusqu'à , contenant et suivant le plan ci-joint qui a été dressé le par . Le prix de cette aliénation, qui a été déterminé à la somme de par le procès-verbal d'estimation ci-annexé, sera versé dans les mains du receveur municipal quinze jours après l'approbation du présent acte.

M. entrera en jouissance à la même époque de l'objet qui lui est vendu, et il lui sera remis une expédition de cet acte, après la formalité d'enregistrement qui suivra celle d'approbation.

Les frais de cette expédition et de celle qui sera délivrée au receveur municipal, ainsi que tous ceux qu'occasionneront cette vente, seront à la charge de l'acquéreur.

Suit la teneur de l'arrêté susmentionné (le copier ici).

Fait en mairie, à , le , et les contractants ont signé après lecture.

(1) On peut se borner à joindre l'arrêté au marché.

DÉPARTEMENT

DE

CHEMIN

de

à

COMMUNE

de

Réglement d'indemnité.

N° DU PLAN	
QUANTITÉ de terrain.	MONTANT de l'indemnité
a. c.	f. c.

(1) La construction d'un mur ou d'un bâtiment ou l'établissement d'une clôture.

(2) Le long de la rue dite de ou sur la place dite de

N° 6.

VOIRIE URBAINE.

Acte administratif de convention pour acquisition de terrain, par suite d'alignement.

L'an mil huit cent cinquante- , le comparu devant nous maire de la commune d

Lequel après avoir pris connaissance de notre arrêté du par suite duquel cession lui est faite de de terrain communal pour (1) (2) a déclaré consentir à payer entre les mains du receveur municipal, aussitôt après l'accomplissement des formalités de droit, la somme de pour toute indemnité.

En foi de quoi le présent a été rédigé en double expédition, avec la réserve qu'il ne sera valable qu'autant que les conditions relatives au montant de l'indemnité, auront été soumises au conseil municipal et approuvées par Monsieur le Préfet.

Et après lecture faite, nous avons signé avec le sr

A les jour, mois et an que dessus.

DÉPARTEMENT
de

ARRONDISSEMENT
de

COMMUNE
de

VOIRIE URBAINE.

N° 7.

AUTORISATION DE CONSTRUIRE LE LONG DES CHEMINS, RUES ET PLACES PUBLIQUES.

Extrait du registre des arrêtés du maire de la commune de

Nous, Maire de la commune de

Vu la demande en date du que nous a adressée le S[r] demeurant à à l'effet d'être autorisé à (1)

le long d (2)

Vu les articles 3 du titre XI de la loi du 24 octobre 1790, 102, 103 et 113 du réglement général du 20 janvier 1845, et les dispositions de la circulaire du 24 avril 1844, insérée au recueil des actes administratifs, page 65 et suivantes (3);

Vu le plan d'alignement des rues et places de la commune de dûment approuvé le

Vu le plan des lieux (4) et le projet définitif d'alignement, proposé par l'agent-voyer d'arrondissement; (5)

Considérant que

ARRÊTONS.

Article 1er. Le sieur ci-dessus désigné est autorisé à

(1) Construire un mur, un bâtiment ou à établir une clôture.

(2) Désigner la voie publique sur laquelle la construction doit avoir lieu.

(3) Cette disposition ne s'applique qu'au département de l'Oise.

(4) On ne dresse le plan particulier que quand il n'existe pas de plan général; la plupart du temps, un plan visuel suffit, pourvu qu'il soit coté exactement.

(5) Il va sans dire que l'intervention de l'agent-voyer, est purement facultative; il assiste le maire, si ce fonctionnaire en exprime le désir.

le long de en suivant l'alignement qui se trouve déterminé par la ligne rouge du plan ci-annexé, et qui partant de passe et arrive

Art. 2. L'indemnité d pour le terrain (1), par suite de l'exécution de l'alignement dont il s'agit, et dont la contenance est de sera fixée à l'amiable si faire se peut, sauf ratification du Conseil municipal et approbation de l'autorité compétente; sinon, elle sera réglée (2)

Art. 3. La présente autorisation est donnée sous les conditions expresses qui suivent :

1° De suivre en tous points l'alignement prescrit, de ne le dépasser par aucune saillie et de le faire vérifier par le garde-champêtre, lorsque les fondations seront au niveau du sol;

2° De ne pas déposer de matériaux sur la voie publique;

3° De ne donner aux échafaudages de construction qu'une largeur d'un mètre;

4° De conserver l'écoulement des eaux pluviales le long de la propriété du pétitionnaire;

5° De ne pas effectuer de travaux qui soient de nature à rejeter ces eaux sur la voie publique;

Art. 4. Le sieur garde-champêtre de la commune de est chargé de l'exécution du présent arrêté.

Le Maire,

(3) Pour copie conforme :

(1) A lui cédé ou délaissé par lui.

(2) *Conformément aux dispositions des articles* 15 *et* 17 *de la loi du* 21 *mai* 1836, s'il s'agit d'un chemin vicinal, et par le jury d'expropriation, conformément à l'avis du Conseil d'Etat du 1er avril 1841, s'il s'agit d'une rue ou d'une place publique.

(3) Cet arrêté doit être transcrit sur une feuille de papier au timbre de 1 fr. 25 c.

N° 8.

Extrait du registre des arrêtés du Maire de la commune de

Le Maire de la commune de

Vu les lois des 16-24 août 1790, 28 septembre, 6 octobre 1791 et 18 juillet 1837;

Vu les articles 671 et 672 du Code civil;

Considérant qu'il importe de prendre les mesures nécessaires pour assurer la sûreté et la commodité du passage dans les rues, ruelles, places, chemins ruraux et autres voies publiques de la commune, et de déterminer, dès-lors, la distance du bord de ces voies, à laquelle doivent être plantés ou rester plantés les arbres et les haies;

Arrête :

ART. 1er. La distance à laquelle devront être faites les plantations bordant les rues, ruelles, places, chemins ruraux et autres voies publiques de la commune de , est fixée savoir :

A trois mètres du bord de ces voies pour les arbres fruitiers, à deux mètres pour les arbres à haute tige, et à un demi-mètre du même bord pour les haies vives.

ART. 2. Nul propriétaire ne pourra d'ailleurs planter sans avoir reçu au préalable, de l'autorité municipale, l'autorisation de le faire et l'alignement à suivre.

ART. 3. Tous les ans du 20 février au 20 mars, il sera procédé par les propriétaires ou fermiers, au recepage des racines des plantations anticipant sur le sol des voies publiques, ainsi qu'à l'élagage des arbres ou des haies, qui s'avanceraient au-dessus desdites voies. Faute par les propriétaires d'avoir effectué ces opérations dans le délai prescrit, il y sera pourvu d'office à leurs frais.

ART. 4. Les arbres ou haies existant sur le sol même des voies publiques devront être abattus et enlevés à la première réquisition de l'autorité municipale. Faute par les propriétaires d'avoir effectué ces abattages et enlèvement dans le délai fixé, il y sera immédiatement procédé d'office à leurs frais.

ART. 5. Les contraventions aux dispositions du présent arrêté seront constatées par des procès-verbaux et déférées au tribunal de simple police du canton.

Fait à , le 18 .

N° 9.

Acte de vente pour les terrains communaux, vains et vagues.

L'an mil huit cent cinquante- , le

Devant nous (nom et prénoms) maire de la commune de

Assisté de MM. (noms et prénoms des membres du conseil municipal) et de M. , receveur municipal,

Il a été procédé à l'adjudication de la vente aux enchères et à l'extinction des feux, des terrains dont l'aliénation a été autorisée par arrêté de M. le préfet en conseil de préfecture, à la date du , conformément au cahier de charges dressé par nous, le , approuvé par M. le préfet, le et enregistré à le et suivant l'ordre du procès-verbal d'estimation rédigé par le

Après avoir donné lecture au public réuni en conséquence des affiches que nous avions fait placarder dans notre commune et dans les principales communes de l'arrondissement de : 1° de l'arrêté de M. le préfet ; 2° du cahier de charges ; 3° et du procès-verbal descriptif et estimatif des terrains à vendre, nous avons proclamé le premier lot sur la mise à prix de . Pendant les premiers feux, les enchères qui ont été successivement offertes, ont élevé cette prisée à et deux autres feux s'étant éteints sans nouvelle enchère, nous avons adjugé ledit premier lot au sieur (nom, prénoms et profession), demeurant à , dernier enchérisseur, moyennant la somme de , et ledit sieur (nom) a signé avec nous après lecture.

(*Signatures.*)

Le deuxième lot, etc. (comme ci-dessus.)

Le présent procès-verbal d'adjudication, auquel demeureront annexées les pièces qui lui servent de base, ne produira d'effet qu'après avoir reçu l'approbation de l'autorité compétente.

Fait et signé à , les jour, mois et an susdits, après nouvelle lecture.

TABLE ALPHABÉTIQUE DES MATIÈRES.

PREMIÈRE PARTIE.

DEUXIÈME PARTIE.

(*Chemins Vicinaux.*)

FIN.

BEAUVAIS. — TYP. DE C. MOISAND.

www.ingramcontent.com/pod-product-compliance
Ingram Content Group UK Ltd.
Pitfield, Milton Keynes, MK11 3LW, UK
UKHW020553180726
13838UKWH00001B/215